Fig. 10. Haupthochbehälter II bei Wintersheim.

DIE WASSERVERSORGUNG

des

Rhein-Selz-Gebietes

Von

B. v. Boehmer
Großherzoglicher Baurat und Vorstand der Großherzoglichen
Kulturinspektion Mainz

Mit 10 Tafeln und 26 Abbildungen

Photographische Aufnahmen von Hofphotograph METZ-Mainz
Tafeln gezeichnet von Geometer HÄRING

München
Druck von R. Oldenbourg
1907

Inhaltsverzeichnis.

Verzeichnis der Tafeln und Abbildungen.

I. Beschreibung der Anlage.

1. Lage und geologische Verhältnisse des Versorgungsgebietes.

(Tafel I und II.)

Die Wasserversorgung des Rhein-Selzgebietes bildet die fünfte und zugleich umfangreichste Gruppe der rheinhessischen Zentralwasserversorgung. Sie dient zur Versorgung von 26 Gemeinden mit zusammen 26 500 Einwohnern, nämlich von Alsheim, Bechtolsheim, Biebelnheim, Dalheim, Dexheim, Dienheim, Dolgesheim, Dorn-Dürkheim, Eimsheim, Framersheim, Friesenheim, Gabsheim, Gau-Köngernheim, Gau-Odernheim, Guntersblum, Hahnheim, Hillesheim, Köngernheim a. d. Selz, Ludwigshöhe, Nierstein, Schornsheim, Udenheim, Undenheim, Waldülversheim, Weinolsheim und Wintersheim. Diese Orte haben sich, mit Ausnahme von Biebelnheim, Nierstein und Udenheim, in gleicher Weise wie dies bei den übrigen vier bereits vollendeten Versorgungsgruppen geschehen ist, zu einem Bau- und Betriebsverbande zusammengetan, während sich die drei letztgenannten Gemeinden, die schon im Besitze eigener, zum Teil unzulänglicher Wasserleitungen waren, nur als Großabnehmer an die Anlage angeschlossen haben. Die Orte Alsheim, Guntersblum, Ludwigshöhe, Dienheim und Nierstein liegen am westlichen Rande der Rheinniederung. Alle übrigen Orte sind teils auf dem Plateau zwischen Rhein- und Selztal, teils im Selztal und teils auf dem Plateau nordwestlich der Selz gelegen.

Nach den uns von dem Großherzoglichen Landesgeologen Herrn Bergrat Dr. Steuer in Darmstadt, der sich speziell mit dem Studium des Mainzer Beckens seit einer Reihe von Jahren eingehend beschäftigt, in dankenswerter Weise gemachten Angaben ist die geologische Beschaffenheit der Wasserversorgungsgebiete die folgende: Ein großer Teil der Orte liegt auf den für das Innere der Provinz Rheinhessen charakteristischen Tertiärplateaus; einige Orte auch am Rande dieser Plateaus. Udenheim, Gabsheim und Schornsheim liegen auf Cyrenenmergel, der infolge einer sattelförmigen Aufwölbung in der Mitte des nordwestlich der Selz gelegenen Plateaus hervortritt. Stellenweise haben hier Schleichsandschichten, in denen etwas Wasser zirkuliert, zur Speisung der Brunnen gedient. Die Ergiebigkeit dieser Schichten ist jedoch gering, und wenn die Brunnen nahe beieinander liegen, so tritt leicht eine gegenseitige Beeinträchtigung ein.

Das Wasser, das in den oberflächlichen Ablagerungen, die aus Löß, Lehm und Verwitterungsboden bestehen, zirkuliert, ist als Trinkwasser wenig brauchbar, da leicht eine Verunreinigung durch Miststätten und Abortgruben eintritt und pflegt überdies in trockenen Jahren zu versiegen. Die Orte die am Südostrande des Plateaus nordwestlich der Selz liegen, können auch nur wenig Wasser erhalten, weil die Schichten nach Westen einfallen und die Quellhorizonte an der Grenze zwischen Cyrenenmergel und Cerithienkalk infolgedessen nur sehr schwache Quellen liefern. Das Plateau östlich des Selztales, zwischen diesem und dem Rheintal, ist von Cyrenenmergel und Rupelton überdeckt, die beide wasserundurchlässig sind. In beiden Bodenarten können Brunnen also nur in den obersten Verwitterungsschichten oder in den stellenweise aufgelagerten Diluviallehmen, die in nassen Jahren etwas Wasser führen, angelegt werden. Aus diesem Grunde sind Dolgesheim, Waldülversheim, Weinolsheim, Eimsheim, Wintersheim, Dalheim und Dexheim an Wasser arm. Die Selzorte Framersheim, Gau-Köngernheim, Gau-Odernheim, Bechtolsheim, Friesenheim, Köngernheim a. d. Selz und Hahnheim sind nicht viel besser daran, denn das Selzbachtal besitzt keine Alluvion. Es fehlen daher Kiese und Sande, in denen sich ein Grundwasserstrom bilden und fortbewegen könnte. Allerdings sind z. B. bei Friesenheim bei einzelnen Brunnenbohrungen wasserführende Kiesschichten angetroffen worden, die aber nur in ganz flachen Mulden liegen und, wie die Erfahrung gezeigt hat, in trockenen Jahren sehr bald leer gepumpt werden. Die Beschaffenheit des Wassers dieser Schichten ist überdies vom chemischen und bakteriologischen Standpunkte dermaßen bedenklich, daß eine Verwendung als Trinkwasser von vornherein ausgeschlossen erscheint. In dem Vorland nach dem Rheintal zu, das gegen das rheinhessische Tertiär infolge tektonischer Störungen durch eine Abbruchlinie, die von Dexheim nach Dorn-Dürkheim zieht, begrenzt ist, wird die Oberfläche von einer mächtigen Lößdecke gebildet, aus der nur an einzelnen Stellen das Tertiär des Untergrundes hervorragt. Auch hier sind die Wasserverhältnisse nicht günstig, weil der Löß nur wenig Wasser durchläßt. Das wenige Wasser ist überdies, infolge des hohen Kalkgehaltes, den der Löß besitzt, abnorm hart. Besondere Untergrundsverhältnisse liegen in Biebelnheim und Hillesheim vor, da hier das Rotliegende zutage tritt. Durch tiefe Bohrungen könnte man wohl für jeden dieser Orte Wasser beschaffen, allein der Betrieb eines Pumpwerkes würde für diese immerhin kleinen Orte viel zu teuer werden, so daß auch für diese Gemeinden der Anschluß an das Gruppenwasserwerk weitaus die beste Lösung ist. Die Orte Alsheim, Guntersblum, Ludwigshöhe und Dienheim, die am Rande des Rheintales liegen, besitzen bessere Wasserverhältnisse. Teils sind Quellen vorhanden, die aus den Kalken des Plateaus gespeist werden, wie besonders bei Alsheim, teils können Brunnen mit gutem Erfolg das Wasser aus den diluvialen Sand- und Kiesschichten des Rheintales entnehmen. Bei Nierstein steht das Rotliegende an, das jedoch vom Rheintal fort nach Nordwest einfällt und infolgedessen zur Wasserentnahme im Untergrund von Nierstein nicht geeignet ist. Die Wasseradern, die bisher den Brunnen des nunmehr außer Betrieb zu setzenden Niersteiner Pumpwerkes speisten, bewegten sich teils in oberflächlichen Schichten und lieferten daher nicht völlig einwandfreies Wasser, teils wurden sie aus den Schleichsanden des Cyrenenmergels gespeist, was eine allmählich immer mehr zunehmende Versandung des Brunnens zur Folge hatte.

2. Vorarbeiten.

a) Wasserbedarf.

Der Maximalwasserbedarf der in Frage kommenden Gemeinden ist in der nachstehenden Tabelle ermittelt. Der Berechnung wurde ein Maximaltagesbedarf von 50 l auf den Kopf der Bevölkerung, ebenfalls 50 l für ein Stück Großvieh und von 10 l für ein Stück Kleinvieh, sowie die Ergebnisse der Volks- und Viehzählungen vom Jahre 1900 zugrunde gelegt. Mit Rücksicht auf eine voraussichtliche Zunahme der Bevölkerung in den einzelnen Gemeinden innerhalb der nächsten 50 Jahre wurde ein den Verhältnissen entsprechender Zuschlag in Rechnung gestellt.

Der derzeitige maximale Tagesbedarf beläuft sich auf 2250 cbm; und der in ca. 50 Jahren zu erwartende Maximalbedarf auf 2875 cbm. Diesem letztgenannten Bedarf sind die Rohrweiten, die Inhalte der Hochbehälter, sowie auch das Pumpwerk angepaßt.

b) Wasserbeschaffung.

(Tafel IV und V.)

Die Größe der zu beschaffenden Wassermenge konnte von vornherein keinen Zweifel darüber entstehen lassen, daß nur die Rheinebene als Wasserfassungsgebiet in Frage zu kommen habe.

Demgemäß wurden auch die Voruntersuchungen in dieser Richtung vorgenommen. Durch die Untersuchungen der Stadt Worms auf dem linken Rheinufer, die später von uns anläßlich der Erbauung des Gruppenwasserwerkes für das Seebachgebiet erweitert wurden, war das Vorhandensein eines starken Grundwasserstromes zwischen Osthofen und Guntersblum festgestellt, und darum wurden zunächst Probebohrungen östlich von Guntersblum ausgeführt. Die sich ergebenden Bohrprofile sind aus Tafel V ersichtlich.

Von den fünf Probebohrlöchern liegen drei in Abständen von ca. 600 m an der Straße, die von Guntersblum nach dem Rheinübergang führt. Das vierte Bohrloch ist 600 m südlich und das fünfte 450 m nördlich von dieser Straße angelegt. Mit Ausnahme der im ungünstigsten Falle 1 m starken oberen, aus sandigem Lehm bestehenden Deckschicht wurden fast durchgehends für die Wasserentnahme sehr gut geeignete Sand- und Kiesschichten angetroffen.

Der unter den Sanden liegende altdiluviale Letten scheint im allgemeinen an dieser Stelle der Rheinebene sehr tief zu liegen, denn er wurde bei den Bohrlöchern Nr. 1, 2, 3, 4, die teilweise bis zu 37 m heruntergehen, nicht angetroffen, nur das am weitesten nördlich gelegene Bohrloch 5 trifft bei 12,56 m Tiefe auf Letten.

Das Ergebnis der Probebohrungen war als recht günstig zu bezeichnen; insbesondere ergab sich durch dieselben, daß sich am Rande des Rheintals bessere wasserführende Kiese befinden als in größerer Entfernung vom Talrande, was wohl damit zusammenhängt, daß am Talrande noch die älteren Terrassen durchbohrt wurden, während weiter nach dem Rheine zu die gröberen Kiese scheinbar erst in größerer Tiefe liegen.

c) Versuchsbrunnen und Pumpversuch.

Wenn auch nach den Ergebnissen der Probebohrungen mit Sicherheit auf das Vorhandensein eines vollkommen ausreichenden Grundwasserstromes geschlossen werden konnte, war es doch notwendig, einen Probebrunnen anzulegen und einen längeren Pumpversuch vorzunehmen, damit die Zahl der Brunnen und die Abstände derselben von einander bestimmt werden konnten.

Dieser Versuchsbrunnen wurde bei Bohrloch 2 hergestellt und bis auf 16,30 m Tiefe abgesenkt. Seine Bohrweite beträgt 1000 m und die Weite des mit Kies von Erbsengröße ummantelten Filterrohres 500 mm. Der Dauerpumpversuch wurde in der Zeit vom 17. Juni bis 5. Juli 1905 ausgeführt. Die Gesamtfördermenge während der Pumpzeit betrug 16646 cbm, was unter Berücksichtigung der unvermeidlichen kurzen Betriebsunterbrechungen eine tägliche Förderung von 921 cbm und eine durchschnittliche sekundliche Fördermenge von 10,66 l ergab. Die Absenkung des Wasserspiegels des Versuchsbrunnens blieb sich während der gesamten Dauer des Pumpversuches gleich und betrug rund 90 cm. Die in einem Umkreise von 50 und 100 m vom Brunnen bis in den Grundwasserspiegel abgesenkten Beobachtungsröhren ließen Wasserspiegelabsenkungen erkennen, die im innern Kreis im Mittel 34 cm und im äußern Kreis im Mittel 20 cm betrugen. In den weiter entfernt gelegenen Beobachtungsröhren und Bohrlöchern war eine Absenkung nicht mehr bemerkbar. Das Steigen und Fallen des Rheines, von dem der Versuchsbrunnen 2500 m entfernt liegt, ließ einen Einfluß auf den Wasserstand in diesem, trotz ausgedehnter und sorgfältiger Beobachtungen, nicht erkennen.

Berechnung des Wasserbedarfs.

1	2	3	4	5	6	7	8	9	10	11	12
Lfd. Nr.	Gemeinde	Einwohnerzahl	Bedarf pro Tag cbm	Großvieh	Bedarf pro Tag cbm	Kleinvieh	Bedarf pro Tag cbm	Maximalwasserbedarf pro Tag cbm	Zuschlag für Zunahme der Bevölkerung	Voraussichtlicher Maximalwasserbedarf nach 50 Jahren cbm	Bemerkungen
	Im Kreise Oppenheim							Summe der Koll. 4, 6 u. 8			
1	Bechtolsheim	1 077	53,85	680	39,00	679	6,79	99,64	25 %	125	
2	Dalheim	740	37,00	443	22,15	570	5,70	64,85	„	80	
3	Dexheim	736	36,80	432	21,60	454	4,54	62,94	„	80	
4	Dienheim	1 124	56,20	311	15,55	577	5,77	77,52	„	100	
5	Dolgesheim	748	37,40	502	25,10	495	4,95	67,45	„	85	
6	Eimsheim	588	29,40	330	16,50	418	4,18	50,08	„	65	
7	Friesenheim	591	29,55	262	13,10	381	3,81	46,46	„	60	
8	Gabsheim	632	31,60	500	25,00	462	4,62	61,22	„	80	
9	Guntersblum	2 183	109,15	915	45,75	984	9,84	164,74	„	205	
10	Hahnheim mit Wahlheimer Hof	668	33,40	326	16,30	411	4,11	53,81	„	70	
11	Hillesheim	641	32,05	325	16,25	396	3,96	52,26	„	65	
12	Köngernheim a. d. Selz	537	26,85	316	15,80	341	3,41	46,06	„	60	
13	Ludwigshöhe	312	15,60	152	7,60	186	1,86	25,06	„	35	
14	Schornsheim	1 129	56,45	699	34,95	676	6,76	98,16	„	125	
15	Undenheim	1 349	67,45	775	38,75	984	9,84	116,04	„	145	
16	Waldülversheim	784	39,20	588	29,40	665	6,65	75,25	„	95	
17	Weinolsheim	580	29,00	436	21,80	416	4,16	54,96	„	70	
18	Wintersheim	298	14,90	271	13,55	251	2,51	30,96	„	40	
	Im Kreise Worms										
19	Alsheim m. Hangen-Wahlheim	1 711	85,55	561	28,05	918	9,18	122,78	„	155	
20	Dorn-Dürkheim	941	47,05	510	25,50	487	4,87	77,42	„	100	
	Im Kreise Alzey										
21	Framersheim	1 501	75,05	747	37,35	544	5,44	117,84	„	145	
22	Gau-Köngernheim	254	12,70	138	6,40	180	1,80	20,90	„	30	
23	Gau-Odernheim	1 764	88,20	769	38,45	737	7,37	134,02	„	170	
	Bahnhof daselbst							150,00	„	150	
24	Biebelnheim*	582	29,10	409	20,45	375	3,75	53,30	„	70	*Angeschlossen als Groß-Abnehmer
25	Udenheim*	832	41,60	581	29,05	443	4,43	75,08	„	95	
26	Nierstein*	4 263	213,50	534	26,70	1 076	10,76	250,96	50 %	375	
	Summa:	26 565	1 328,60	12 512	630,10	14 106	141,06	2249,76		2 875	

d. Chemische und bakteriologische Wasseruntersuchung.

Früher gemachte Beobachtungen ließen vermuten, daß der Eisengehalt des Grundwassers recht hoch ist. Es wurde deshalb schon vor Ausführung des Pumpversuches eine Untersuchung des aus den einzelnen Probebohrlöchern entommenen Wassers auf Eisenoxyd ($Fe_2 O_3$) gemacht. Das Ergebnis war folgendes:

1.	Beobachtungsrohr	1	enthält	in	1000	ccm	Wasser	0,0064	g	Eisenoxyd
2.	"	2	"	"	"	"	"	0,0042	"	"
3.	"	3	"	"	"	"	"	0,0054	"	"
4.	"	4	"	"	"	"	"	0,0038	"	"
5.	"	5	"	"	"	"	"	0,0080	"	"
6.	"	6	"	"	"	"	"	0,0046	"	"
7.	Probebohrloch	1	"	"	"	"	"	0,0038	"	"
8.	"	2	"	"	"	"	"	0,0056	"	"
9.	"	4	"	"	"	"	"	0,0042	"	"
10.	"	5	"	"	"	"	"	0,0112	"	"

Der Eisengehalt nahm demgemäß nach dem Rheine hin zu und war bei den talaufwärts gelegenen Bohrlöchern erheblich geringer wie bei den talabwärts gelegenen. Die bei den Brunnen der ebenfalls in der Rheinniederung gelegenen Pumpwerke der Gruppenwasserwerke II, III und IV bei Bodenheim, Ingelheim und Osthofen gesammelten Erfahrungen ließen nun aber mit ziemlicher Gewißheit hoffen, daß der Gehalt an Eisenoxyd bei Inanspruchnahme der Brunnen zurückgehen und später gänzlich verschwinden würde. Wie die weiter unten mitgeteilten Untersuchungsergebnisse zeigen, hat sich diese Erwartung, wenigstens was einen der Brunnen betrifft, bereits vor Inbetriebnahme der gesamten Anlage bestätigt.

Während der Dauerpumpversuch im Gange war, wurde durch das chemische Untersuchungsamt für die Provinz Rheinhessen in Mainz (Vorstand Professor Dr. Mayrhofer), durch das auch alle übrigen Analysen gemacht wurden, eine chemische und bakteriologische Untersuchung des Wassers des Probebrunnens vorgenommen, die folgendes Ergebnis hatte:

1. Probe zur chemischen Untersuchung. Enthielt in je 1000 ccm:

Trockenrückstand	0,493
Chlor	0,0319
Ammoniak	fehlt
Salpetrige Säure	"
Salpetersäure	"
Schwefelsäure	0,048
Magnesia	0,066
Kalk	0,137
Eisenoxyd ($Fe_2 O_3$)	0,0056
Oxydierbarkeit, verbrauchter Sauerstoff in g	0,0013
Gesamthärte in deutschen Härtegraden	22,9

Die Temperatur des Wassers im Brunnen betrug 10,2° C.

2. Probe zur bakteriologischen Untersuchung.

Es entwickelten sich aus 1 ccm Wasser:

nach 48	Stunden	4	Keime
" 72	"	5	"
" 96	"	15	"
" 120	"	28	"

Das Wasser war also praktisch als bakterienfrei zu bezeichnen, und ist in chemischer Beziehung in keiner Weise zu beanstanden. Seine Härte ist allerdings nicht unbedeutend, was aber nicht soviel ins Gewicht fällt, weil fast alle Gemeinden aus ihren Pumpbrunnen bisher meist noch viel härteres Wasser erhielten. Daß diese Härte sich im Laufe des Betriebes verringern wird, ist nach den Beobachtungen, die in den letzten Jahren bei einer Reihe von Wasserwerksbrunnen am Westrande des Reintales gemacht und die vom Großherzoglichen Landesgeologen Bergrat Dr. Steuer bearbeitet wurden (vgl. Festschrift zum 70. Geburtstag des Herrn Geheimrat von Koenen, Stuttgart 1907), nicht anzunehmen. Hiernach werden die Brunnen nicht eigentlich aus dem Grundwasserstrom des Rheintals gespeist, sondern es wird hauptsächlich dasjenige Wasser herangezogen, das vermutlich aus den großen Verwerfungsspalten, die das Rheintal von dem Tertiär Rheinhessens trennen, aufsteigt. Jedenfalls beweist die chemische Analyse, daß es sich keinen Falles um versickertes Rheinwasser handelt. Eine Verunreinigung des Grundwassers von der Oberfläche her, etwa durch Düngung oder Gräben, ist im Wasserfassungsgebiet ausgeschlossen, da hier nicht, wie in der angrenzenden Gemarkung Gimbsheim, ein direkter Zusammenhang des Grundwassers mit dem Oberflächenwasser durch tief eingeschnittene Altrheinarme oder durch die vielfach mehrere Morgen großen und sehr tiefen Kolklöcher, die bei früheren Dammbrüchen das Hochwasser gerissen hat, besteht. Die Oberfläche des Wasserfassungsgebiets ist vielmehr überall mit einer mindestens 1 m mächtigen Decke von Lehm bedeckt, die einen ausgiebigen Schutz gewährt. Ebensowenig kann eine Überstauung des Geländes durch das Wasser der Abzuggräben, das bei hohen Rheinwasserständen und infolgedessen geschlossenen Rheindammschleusen nicht abfließen kann, wie dies im Seegrabengebiet in den Gemarkungen Gimbsheim, Eich, Ibersheim und Rhein-Dürkheim zu großem Nachteil für die Landwirtschaft häufig vorkommt, eintreten, da das Landgrabengebiet, in das unser Wasserbeschaffungsgebiet entwässert, durch die an der Mündung dieses Grabens in den Rhein auf Gemarkung Guntersblum vorhandene große Wasserhaltungsmaschine selbst bei längerer Zeit geschlossener Rheindammschleuße von Stauwasser freigehalten werden kann.

Nachdem aus dem Probeloch Nr. 1 im Laufe des Sommers 1906 durch ein provisorisches Pumpwerk, zum Zwecke der Bauausführung, fortgesetzt Wasser entnommen worden war, wurde am 12. September 1906 eine Untersuchung des Wassers dieses Brunnens auf Eisengehalt vorgenommen, die in 1000 ccm 0,0002 g metallisches Eisen oder 0,0003 g Eisenoxyd ergab. Eine 14 Tage später, am 27. September vorgenommene Untersuchung stellte eine Verminderung des Eisenoxydgehaltes auf 0,00014 g in 1000 ccm fest.

Schließlich erfolgte am 5. Juli 1907, nach fortgesetztem Gebrauch des Brunnens, eine nochmalige chemische Untersuchung mit nachstehendem Ergebnisse:

Es enthielten 1000 ccm Wasser:

Trockenrückstand	0,476 g
Chlor	0,019 „
Ammoniak	fehlt
Salpetrige Säure	„
Salpetersäure	Spuren
Schwefelsäure	0,084 g
Kalk	0,150 „
Magnesia	0,066 „
Eisenoxyd ($Fe_2 O_3$) in ganz geringer, unbestimmbarer Menge	
Mangan	Spuren
Oxydierbarkeit, verbrauchter Sauerstoff in g	0,0016 g
Gesamthärte in deutschen Härtegraden	24,3°
Gesamtalkalinität	6,85 g

Fig. 1. Innenansicht der Maschinenhalle, Motorenseite.

Fig. 2. Innenansicht der Maschinenhalle, Pumpenseite.

Es hatte also eine Abnahme des Gehaltes an Eisenoxyd bis auf Spuren und eine Zunahme der Härte von 22,9 auf 24,3 stattgefunden. Da sich annehmen ließ, daß sich bei den definitiven Brunnen die Verhältnisse entsprechend gestalten würden, konnte vorerst von der ursprünglich ins Auge gefaßten Enteisenungsanlage abgesehen werden. Es wurde jedoch für den Fall, daß diese Voraussetzungen nicht zutreffen sollten, die Maschinenanlage so disponiert, daß im Bedarfsfalle die bei Einschaltung einer Enteisenungsanlage erforderlichen Pumpen und Einrichtungen leicht angeordnet werden können.

3. Brunnenanlage.

Die sekundliche Fördermenge, die der Disposition des Pumpwerkes zu Grunde liegt, beträgt 50 l, die den beiden Haupthochbehältern zugeführt werden sollen. Zur Lieferung dieser Wassermenge sollen 6 Filterbrunnen, von denen 3 östlich und 3 westlich des Pumpwerks liegen, dienen. Diese Brunnen sind in gleicher Weise ausgeführt wie der weiter oben beschriebene Probebrunnen. Die Tiefe der Brunnen beträgt 18 Meter und ihr Abstand voneinander 100—160 m (Tafel IV). Die Inanspruchnahme der einzelnen Brunnen wird 8,33 l pro Sekunde nicht übersteigen, was ihnen unbedenklich zugemutet werden kann, da der Probebrunnen während des Pumpversuchs bei nur 90 cm Absenkung dauernd 10,66 l sekundlieh zu liefern vermochte.

Der unmittelbar beim Pumpwerk befindliche, 3 m weite und 10 m tiefe Sammelbrunnen ist durch eine Heberleitung mit dem Filterbrunnen verbunden. Im Sammelbrunnen ist der Heberscheitel durch ein Zwischenstück mit dem Saugrohr in Verbindung gebracht, so daß nach entsprechender Stellung der Schieber, auch direkt durch die Heberleitung aus den Filterbrunnen gepumpt werden kann. Es hätte von der Anlage des Saugbrunnens auch abgesehen werden können, man hat seine Einschaltung jedoch für gut gehalten, um dem etwa aus den Filterbrunnen beigezogenen Sand Gelegenheit zu geben, sich abzusetzen. Auch kann man bei Beobachtung des sich bei normalem Betriebe stets in gleicher Höhe einstellenden abgesenkten Wasserspiegels des Saugbrunnens leicht feststellen, ob die Pumpen dauernd die volle Leistungsfähigkeit besitzen. Sämtliche Filterbrunnen sind mit gemauerten Einsteigschächten überbaut, in denen sich die Schieber befinden. Die Brunnendeckel sind durch eingelegte Gummiringe tagwasserdicht gemacht. Zur Lüftung der Schächte dienen besondere über Terrain geführte Rohre.

4. Maschinenanlage.

Der unter Ziffer 2a vorstehend berechnete Maximalwasserbedarf beträgt jetzt rund 2250 cbm und wird sich in etwa 50 Jahren auf 2875 cbm belaufen.

Die von den Pumpen zu bewältigende Fördermenge ist auf 50 l in der Sekunde angenommen worden. Es ergibt dies für jetzt im Höchstbedarfsfalle eine Betriebszeit von $12^1/_2$ und in 50 Jahren von 15 Stunden und 15 Minuten. Das Versorgungsgebiet bedingt, seiner verschiedenen Höhenverhältnisse wegen, die Anordnung von 2 Druckzonen. Zur unteren Druckzone gehören die Orte am Rande der Rheinebene: Alsheim, Guntersblum, Ludwigshöhe und Dienheim, und zur oberen alle übrigen Gemeinden. Der Haupthochbehälter der unteren Druckzone liegt in Gemarkung Alsheim, bei dem zu dieser Gemeinde gehörigen Weiler Hangen-Wahlheim; der der oberen Druckzone auf dem das ganze Plateau beherrschenden Wintersberg zwischen Wintersheim und Eimsheim (Tafel II und III). Die Gemeinde Nierstein, die tief genug liegt um von der unteren Druckzone gespeist zu werden, schließt sich mit der Zuleitung zu ihrem alten Behälter an den Ortbehälter Dexheim der oberen Druckzone an, da dies die bei weitem kürzere Zuleitungslinie ergibt.

Das Pumpwerk besitzt drei getrennte Maschinenaggregate mit je 25 Sek.-l Leistungsfähigkeit. Zwei davon sollen zum regelmäßigen Betriebe und das dritte zur Reserve dienen. Für die Leistungsfähigkeit der Anlage war die Höhe des Hauptbehälters II, der die obere Druckzone beherrscht, maßgebend. Der Höhenunterschied zwischen dem tiefstabgesenkten Wasserspiegel im Saugbrunnen und dem Einlauf in den Hauptbehälter II beträgt . . . . 149,20 m

Hierzu kommt der Druckhöhenverlust in dem 300 mm weiten und 7125 m langen Druckstrang mit 0,00243 · 7125 = ... 17,31 „

Die manometrische Förderhöhe beträgt daher . . . . 166,51 m

Die Nutzleistung von 2 Motoren unter Berücksichtigung eines Zuschlags von 30 % für Kraftverluste berechnet sich zu

$$1{,}3 \cdot 50 \cdot 166{,}51 = 10823{,}15 \text{ mkg}; \; 10823{,}15 : 75 = 144{,}3 \text{ PS.},$$

d. h. für den Motor auf 72,2 Pferdestärken.

Mit Rücksicht darauf, daß der Nutzeffekt der Sauggasmotoren gewissen Schwankungen unterworfen ist und daß im Fall der späteren Einschaltung von 3 weiteren Pumpen, bei Einrichtung einer Enteisungsanlage, der Kraftbedarf um ca. 600 mkg steigt, sowie daß eine ca. 7 PS erfordernde Dynamomaschine zur Erzeugung des elektrischen Lichtes für die Anlage mitbetrieben werden soll, wurden drei 90pferdige Sauggasmotoren aufgestellt, die mit der gesamten Pumpwerksanlage durch die Gasmotorenfabrik Deutz geliefert wurden. (Tafel VI.)

Die Anlage besteht aus:

a) der Sauggasanlage,
b) der Motoranlage,
c) der Pumpenanlage,
d) der Hilfsmaschinen- und Rückkühlanlage.

a) Die Sauggasanlage (Fig. 3) ist für die Vergasung von Braunkohlenbriketts eingerichtet und besteht aus einem sogenannten Doppelgenerator mit allen erforderlichen Reinigungs-, Kühl- und Kondensationsapparaten. Der wesentlichste Bestandteil der Sauggasanlage ist der Doppelgenerator, der es ermöglicht, die stark bitumenhaltigen Brennstoffe, wie Braunkohlen- oder Braunkohlenbriketts, zu einem für den Motorenbetrieb geeigneten Gas zu verarbeiten.

Die Arbeitsweise dieses Generators unterscheidet sich von der eines Anthrazit- oder Koksgenerators im wesentlichen dadurch, daß derselbe mit 2 Feuerzonen und zwar einer oberen und einer unteren arbeitet. Erreicht wird dies dadurch, daß sowohl über wie unter dem Rost während des Betriebes Luft bzw. Sauerstoff zutreten kann, so daß die Oxydation der Kohle an diesen beiden Zutrittstellen der frischen Luft vor sich geht. Durch diese Anordnung wird erreicht, daß aus dem frisch aufgeworfenen Brennstoff das Bitumen ausgetrieben wird und, bevor dasselbe aus dem Generator austritt, die obere Glutschicht durchdringen muß. Hierdurch werden alle teerigen Bestandteile, welche die Braunkohlen- und Braunkohlenbriketts in großen Mengen enthalten, zersetzt und bilden nach dem Durchtritt der Glutschicht unkondensierbare Gase, die keinerlei Verschmutzung der Maschinen oder der Rohrleitungen verursachen können.

Die Verunreinigungen, die in dem aus dem Generator austretenden Gas noch enthalten sind, bestehen in der Hauptsache aus Flugasche, Kohlenstaub und aus nur geringen Spuren von Bitumen. Das Gas wird in den vorgeschalteten Reinigungsapparaten, wie Skrubber, Kondensator und Sägemehlreiniger gereinigt. Aus dem Generator tritt es zunächst durch eine Wasservorlage, in der die größte Menge des mitgerissenen Staubes und der Asche zurückgehalten wird. Aus diesem Apparat kommt es in den mit Koks gefüllten Skrubber, der, wie bei Anthrazit- und Kokssauggasanlagen, mit Wasser berieselt wird und eine weitere Reinigung sowie eine Kühlung des Gases herbeiführt. Durch die innige Berührung des Gases mit dem Berieselungswasser wird einerseits eine intensive Waschung desselben herbeigeführt, es andererseits jedoch auch mit Wasserdampf geschwängert, der jedoch nicht mit in die Maschine eintreten darf. Um dies zu verhindern, ist hinter dem Skrubber ein Kondensator eingeschaltet, der durch Stoßwirkung die mitgerissene Feuchtigkeit aus dem Gas und die letzten Spuren von Teer, falls solche im Gas noch enthalten sind, ausscheidet.

Fig. 3. Sauggasgenerator für Braunkohlenfeuerung.

Fig. 4. Doppeltwirkende Plungerpumpe.

Hinter diesem Kondensator ist zur weiteren Reinigung des Gases ein Sägemehlreiniger eingeschaltet, der in mehreren Etagen ein Gemisch von Koks und Sägemehl und auch eine Lage von Raseneisenerz enthält, um die im Gas eventuell vorhandenen Schwefelbeimengungen zu binden und zurückzuhalten.

Aus dem Sägemehlreiniger tritt das Gas in den Gaskessel, der den Zweck hat, die unregelmäßige Saugwirkung des Gasmotors auszugleichen, so daß die vorher geschalteten Apparate möglichst gleichmäßig und nicht stoßweise durchströmt werden. Kurz vor der Maschine ist noch ein Schlußreiniger eingebaut, der nach dem Prinzip der Stoßreiniger arbeitet und Unreinigkeiten aller Art, die eventuell im Gas noch vorhanden sind, ausscheidet.

Die Beschickung der Generatoren erfolgt vom Motorenflur aus und das Abschlacken in einen vertieften Kellerraum. Dieser Kellerraum ist genügend mit Licht und Luft versehen und gegen den Maschinenflur durch Riffelblechplatten abgetrennt.

Die Rohrleitungen zwischen den Apparaten und den Motoren sind so eingerichtet, daß stets zwei nebeneinander liegende Apparate wechselseitig in Betrieb genommen werden können. Für das Anblasen der Generatoren ist für jedes Aggregat ein besonderer, elektrisch angetriebener Ventilator vorgesehen, der die Vergasungsprodukte sowohl durch einen Schornstein ins Freie, als auch durch eine am Motor angebrachte Entlüftungsleitung fördern kann, so daß vor Anlassen der Motoren die gesamten Apparate und Rohrleitungen mit dem Gas gefüllt werden können. Eine Dynamomaschine sowie eine Akkumulatorenbatterie vermag jederzeit den für den Betrieb des Ventilators erforderlichen Strom abzugeben. Mit Rücksicht auf erhöhte Betriebssicherheit ist für jedes einzelne Aggregat ein ganz unabhängig zu betreibender Ventilator vorgesehen worden. Während des Betriebes kann der Ventilator vollständig ausgeschaltet werden, wozu die Leitungen mit den nötigen Wechselventilen versehen sind. Außerdem sind sämtliche Rohrleitungen so eingerichtet, daß alle Krümmer mit Putzöffnungen und Deckeln versehen sind, um ein bequemes Kontrollieren und Reinigen derselben zu ermöglichen.

b) Die Motoranlage (Fig. 1 und 2) besteht aus drei Stück Motoren, die bei dem Braunkohlenbrikettssauggas je 95 PS maximal leisten. Die Motoren arbeiten nach dem bekannten Ottoschen Viertaktsystem und nach dem Prinzip der Quantitätsregulierung. Die Regulierung des Motors wird durch eine besondere Präzisionssteuerung bewirkt, die den Hub des Einlaßventils für Gas und Luft gleichmäßig verändert, so daß die Zusammensetzung des Gemisches konstant bleibt und nur die Menge desselben verändert wird. Diese Steuerungsart hat gegenüber anderen Ausführungsarten gewisse Vorteile.

Auf der Motorenachse befinden sich schwere Schwungräder, die den Maschinen einen Gleichförmigkeitsgrad von 1/80 geben und einen ruhigen Lauf des Riemens zur Folge haben.

Außer den Schwungrädern befindet sich auf der verlängerten Achse auch noch eine Riemenscheibe mit eingebauter Reibungskuppelung, die den Zweck hat, die Motoren beim Anlassen durch Druckluft entlasten zu können. Am äußersten Ende ist die Welle nochmals durch ein Außenlager unterstützt.

c) Die Pumpenanlage (Fig. 2 u. 4) besteht aus 3 Stück doppelwirkenden Plungerpumpen, die in der Lage sind, je 25 l Wasser pro Sekunde auf eine gesamte manometrische Förderhöhe von ca. 166 m zu heben. Sie sind mit federbelasteten Ringventilen aus Phosphorbronze und mit allen Armaturen, die für den normalen Betrieb und für die Beurteilung des jeweiligen Betriebszustandes erforderlich sind, ausgerüstet. Mit Rücksicht auf den abnormal hohen Druck wurden die Pumpen besonders kräftig dimensioniert und nach speziellen Modellen angefertigt, die für den vorliegenden Fall entworfen wurden.

Damit im Falle der späteren Einschaltung einer Enteisenungsanlage ohne wesentliche Änderung eine ganz gleichartige Pumpe hinzugefügt werden kann, ist auf der Seite des Außenlagers jeder Pumpe jetzt schon eine entsprechende Antriebskurbel auf die Welle aufgezogen und das Außenlager so breit gewählt, daß der Wellenhals genau in den später an Stelle des Außenlagers kommenden Triebwerksrahmen der weiteren Pumpe paßt.

Die verschiedenen Rohrleitungen der Pumpen sind in einem gemeinsamen Hauptsaug- und Druckwindkessel von 7500 mm Höhe und 1200 mm Durchmesser vereinigt und führen von dort in in den Brunnen bzw. in die außerhalb des Gebäudes liegende Hauptdruckleitung.

Der Druckwindkessel ist mit Rücksicht auf die verschiedenen Förderhöhen besonders reichlich groß gewählt, so daß auch bei der größten Förderhöhe das auf den höheren Druck zusammengepreßte Luftvolumen für die Ausgleichung der Wassergeschwindigkeit noch genügt und bei der geringsten Förderhöhe, also bei expandiertem Luftvolumen keine Luft in die Druckleitung entweicht. Eingeschaltete Absperrschieber, Rückschlagklappen etc. gestatten verschiedene Schaltungen der Saug- und Druckrohre, wie sie durch die Betriebsführung erforderlich werden.

d) Die Hilfsmaschinen- und Rückkühlanlage besteht aus:

1. einem Hilfsmotor mit Kompressor,
2. einer Kühlwasser-Rückkühlanlage für den Motor,
3. einer Krananlage.

1. Zur Schaffung der Druckluft ist ein 6 PS Benzinmotor, der mittelst Riemenübertragung einen Kompressor antreibt, vorhanden. Mit dem Kompressor können 25 cbm Luft pro Stunde angesaugt und auf ca. 11 Atm. Überdruck komprimiert werden. Diese Druckluft wird in 2 voneinander unabhängigen, durch Rohrleitung verbundenen Behältern aufgespeichert und zum Anlassen der Motoren verwendet. Der Kompressor kann auch zur Füllung der Druckluftbehälter der Pumpenanlage und zur Evakuierung der Heberleitung Verwendung finden.

2. Die Rückkühlung des Motorkühlwassers erfolgt nach einem besonderen System, bei welchem das von den Pumpen geförderte Wasser zur Rückkühlung des Kühlwassers verwendet wird. Außer dieser Einrichtung ist zur Reserve auch die direkte Kühlung aus der Druckleitung vorgesehen, so daß Betriebsstörungen an der Rückkühlanlage nicht auch gleichzeitig Störungen der Motoranlage mit sich bringen.

Die Rückkühlanlage selbst besteht in der Hauptsache aus einer aus verzinkten Stahlrohren hergestellten Rohrschlange, die im Saugbrunnen eingebaut ist und eine entsprechende Kühlfläche erhält, um Temperaturdifferenzen zwischen dem zu- und abfließenden Wasser von ca. 40° herbeizuführen. Um eine zuverlässige Zirkulation in dieser Rohrleitung zu erzielen, ist in der Abflußleitung vom Motor noch eine besondere Zirkulationspumpe eingebaut, die von der Motorenachse angetrieben ist. In die Leitung ist außerdem auch noch ein Ausgleichbehälter eingeschaltet, in welchem das zu ersetzende Wasser nachgefüllt wird und der durch eine Schwimmereinrichtung den Zeitpunkt des erforderlich werdenden Nachfüllens anzeigt. Diese Rückkühleinrichtung hat in allererster Linie den großen Vorteil, daß bei dem starken Kalkgehalt des Wassers (es besitzt ca. 24 Härtegrade), die Kühlmäntel der Motoren von Kesselstein verschont bleiben und eine dauernd gute und zuverlässige Kühlung der Motorwandungen gewährleistet ist. Außerdem wird gegenüber der Verwendung von Hochdruckwasser mit einer dauernden Ersparnis von 2—3 PS pro Pumpensystem oder, mit anderen Worten, mit einer um 3—4 % abgekürzten Betriebszeit zu rechnen sein.

3. Die Krananlage dient zur leichteren Handhabung der einzelnen Maschinenteile, die bei der regelmäßigen Bedienung der Anlage sowohl wie auch bei größeren Demontagen und Montagen zu bewegen sind. Der Kran besitzt 17,5 m Spannweite und ist für eine Tragfähigkeit von 3000 kg eingerichtet, so daß man zur Not auch das schwerste Stück damit heben kann.

Der Brennstoffbedarf der Pumpwerksanlage soll nach den von der liefernden Firma gegebenen Garantien, unter Voraussetzung der Verwendung von Braunkohlenbriketts von 5000 Kalorien Heizwert und höchstens 10 % Aschengehalt, bei der Maximalleistung der Motoren pro Stunde und Pferdekraft nicht mehr wie 0,68 kg oder pro 1 cbm auf die Höhe des Hauptbehälters II (166 m) zu hebendes Wasser 0,62 kg betragen.

5. Beleuchtungsanlage für das Pumpwerk.

Zur Erzeugung der für die Beleuchtung der gesamten Räume des Pumpwerks und der zum Antrieb der Ventilatoren an den Generatoren erforderlichen elektrischen Energie werden 2 Gleichstrom-Nebenschlußdynamos, 40 Ampère bei 110 Volt leistend, von denen je eine als Reserve dient, im Maschinenraum aufgestellt und von den Gaskraftmaschinen durch direkte Riemenübertragung angetrieben. Jede dieser Dynamomaschinen erfordert ca. 7 PS Antriebskraft. Beim Ruhen des Pumpbetriebes erfolgt die Stromabgabe durch eine im Kellerraum unter der Werkstatt aufgestellte Akkumulatorenbatterie von 60 Elementen mit 27 Ampère Entladestrom und einer Kapazität von 72 Ampère-Stunden. Damit auch während der Zeit, in der die Batterie geladen wird, Strom entnommen werden kann, ist eine Schaltanlage mit Doppelzellenschalter vorgesehen.

Zur Beleuchtung der Maschinenhalle sind 2 Intensivflammenlampen von 10 Ampère und 7stündiger Brenndauer und in den Generator-, Werkstatt-, Keller-, Vorrats- und Wohnräumen etc. 70 Glühlampen angebracht.

Die Verteilungstafel für die drei Stromkreise mit den erforderlichen Sicherungselementen befindet sich in dem Raum neben der Werkstatt, in der auch der Benzinhilfsmotor untergebracht ist.

6. Wasserstandsfernmelder.

Die beiden Haupthochbehälter bei Hangen-Wahlheim und auf dem Wintersberg sind mit dem Pumpwerk durch eine elektrische Wasserstandsfernmeldeanlage verbunden, außerdem sind in den Hauptbehältern und dem Pumpwerk Telephonstationen vorgesehen. Die beiden Behälterstationen sind mit Rücksicht auf die Feuchtigkeit in den Behältervorkammern als feuchtigkeitsdichte „sogenannte Grubenstationen" ausgebildet. Auch die Kontaktapparate in den Behältern befinden sich in wasserdichten, gußeisernen Gehäusen.

Zur Aufnahme der Schwimmer sind in den Vorkammern der Behälter besondere, 40 cm weite Pegelrohre eingebaut. Die Meldeapparate zeigen an dem Zifferblatt der Anzeigeapparate im Pumpwerk Wasserstandsschwankungen von 5 zu 5 cm an. Ein selbsttätiger Registrierapparat sorgt außerdem im Pumpwerk für Aufzeichnung der wechselnden Wasserstände. Die aus Siliziumbronzedraht von 2 mm Durchmesser bestehende Freileitung besitzt 19 km Länge. Den erforderlichen Strom liefern 40 Leclanché-Elemente.

7. Pumpwerksgebäude.

(Tafel VII und Fig. 5, 6, 7 und 8.)

An dem Hauptbau des Pumpwerkgebäudes, der die große 19,50 m lange, 17,50 m breite und 12,50 m hohe Maschinenhalle, den Generatorraum, den Kohlenraum, die Werkstätte und den Raum für den Hilfsmotor enthält, ist das Wohnhaus durch einen Säulengang angegliedert. Das letzte enthält im Erdgeschoß und Oberstock je eine aus 3 Zimmern, Küche und Nebenräumen bestehende Wohnung, außerdem einen für beide Stockwerke gemeinsamen Baderaum und ein Verwaltungszimmer im Erdgeschoß. Die Parterrewohnung ist für den Maschinenmeister und die obere Wohnung für den Hilfsmaschinisten bestimmt.

Hinter dem Hauptbau liegt ein Nebengebäude mit den Stallungen für die kleinen Landwirtschaftsbetriebe der Maschinisten und einem großen Lagerraum für Vorratsteile.

Die Maschinenhalle ist mit eiserner Dachkonstruktion und Rabitzwölbung überdeckt. Die Wände sind bis auf 1,70 m Höhe mit dunkelgrünen und der Boden mit graugrünen, weiß geränderten Mettlacher Platten bedeckt. Die Fassaden sämtlicher 3 Bauten sind, soweit Hausteine zur Verwendung kamen, aus rotem Pfälzer Sandstein und im übrigen in gelblich getöntem Rauputz hergestellt. Alle Dachflächen sind mit Schiefer eingedeckt. Der Pumpenraumboden liegt um 1,60 m tiefer wie der Maschinenhausboden; beide sind durch zwei an den Seitenwänden herabführende Treppen miteinander verbunden. In den Kellerräumen, die unter dem Maschinenhausboden liegen, sind die Gaskessel und Rohrleitungen, die von den Generatoren zu den Motoren führen, untergebracht.

Das Pumpwerksgrundstück liegt an dem Kreuzungspunkt zweier Kreisstraßen. Es waren daher nach 2 Fronten massive Mauern herzustellen, die in roten Bruchsteinen mit weiß gestrichenem Holzgeländer ausgeführt wurden, während die Hinterfronten durch eiserne Zäune mit Drahtgeflecht abgegrenzt wurden.

Die der Straßenkreuzung zugekehrte Ecke der Umfassungsmauer wurde durch einen architektonisch ausgebildeten Brunnen abgeschlossen.

8. Druckleitung.

(Tafel II und III.)

Die Hauptdruckleitung, die vom Pumpwerk zum Haupthochbehälter II auf den Wintersberg führt, besteht aus 300 mm verstärkten Gußeisenröhren. Es mußte eine Verstärkung der Rohrwandungen um 1 mm eintreten, da der Betriebsdruck bis auf etwa 17 Atmosphären steigt. Auf der Straße vor dem Pumpwerksgebäude ist in einem besonderen Schacht eine Rückschlagklappe in den Hauptdruckstrang eingebaut, um zu verhüten, daß bei einem Pumpendefekt eine Überschwemmung des Maschinenraumes eintritt.

Einige 100 m entfernt vom Pumpwerk kreuzt der Hauptdruckstrang die Bahnlinie Mainz—Worms, was eine besondere Sicherung des Bahnkörpers durch ein starkes Schutzrohr bedingte. Unter dem Bahnkörper selbst wurde, um eine Muffenverbindung zu vermeiden, ein Mannesmannstahlrohr von 300 mm Weite und 17 m Länge in die Hauptdruckleitung eingebaut. Die Probepressungen des Druckstranges erfolgten auf 20 Atmosphären Druck, der 15 Minuten auf dem Rohrstrang gelassen wurde

9. Hochbehälter.

(Tafel VIII und IX.)

Außer den Haupthochbehältern I und II sind noch für die einzelnen beteiligten Gemeinden besondere Ortsbehälter vorgesehen, die möglichst nahe an die einzelnen Orte herangerückt wurden, um kurze Falleitungen zu erhalten. Der Wassereinlauf in den Hauptbehälter I wird durch ein doppeltes Schwimmereinlaßventil reguliert, während die Ortsbehälter einfache selbsttätige Schwimmerventile besitzen.

Die sämtlichen Behälter sind aus Stampfbeton hergestellt und besitzen flache Decken.

Über die Art der Deckenkonstruktionen, bei denen

1. armierte Betonplatten,
2. Plattenbalken mit armierter Decke,
3. Plattenbalken ohne armierte Decke

zur Verwendung kamen, ist das Nähere aus den nachstehenden statischen Berechnungen und den Zeichnungen auf Tafel X ersichtlich. Das Mischungsverhältnis des Betons betrug für die Herstellung der Wände der Behälter 1 Teil Zement, 3 Teile Rheinsand und 6 Teile Rheinkies, für die Sohlen 1 : 4 : 8 und für die Decken 1 : 2 : 4.

Die Inhalte der Ortsbehälter entsprechen dem maximalen Tageswasserbedarf der betreffenden Gemeinden zuzüglich von je 50 cbm als Brandreserve. Der Fassungsraum der beiden Haupthochbehälter ist gleich dem halben Maximaltagesbedarf aller angeschlossenen Gemeinden.

Die Fassaden der Behältervorkammern, in denen sich die Armaturen befinden, sind aus weißem Flonheimer Sandstein hergestellt (Fig. 9 und 11—26). Über der Vorkammer des Haupthochbehälters II auf dem Wintersberg, der das gesamte Gebiet beherrscht, ist ein ca. 18 m hoher Aussichtsturm errichtet (Fig. 10). Über Abmessungen, Fassungsraum und Kammerzahl der einzelnen Behälter gibt die nachfolgende Zusammenstellung Aufschluß.

Fig. 5. Pumpwerksgebäude, Westansicht.

Grundrisse der Hochbehälter.

1. **Haupt-Hochbehälter I** mit **250** cbm Inhalt

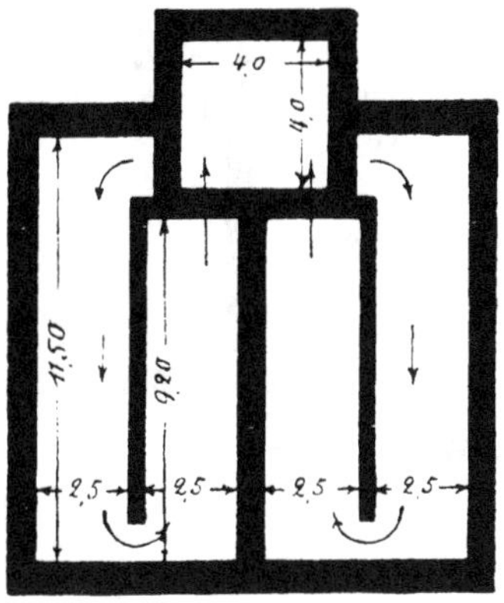

Stärke der Sohle	0,30 m
„ „ Außenwände .	0,80/0,60 m
„ „ Mittelwand . .	„ „
„ „ Zwischenwände	0,40 m
Lichte Höhe	3,05 „
Wassertiefe	2,40 „

2. **Haupt-Hochbehälter II** mit **1000** cbm Inhalt

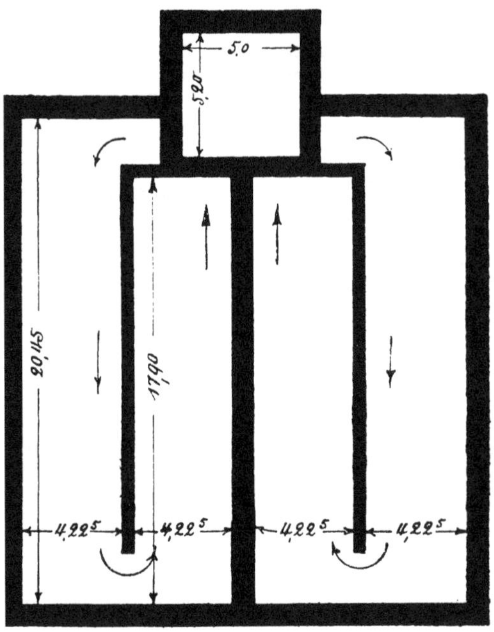

Stärke der Sohle	0,30 m
„ „ Außenwände .	1,00/0,80 m
„ „ Mittelwand . .	„ „
„ „ Zwischenwände	0,50 m
Lichte Höhe	3,60 „
Wassertiefe	3,00 „

3. Behälter **Gau-Odernheim-Gau-Köngernheim** mit **450** cbm Inhalt

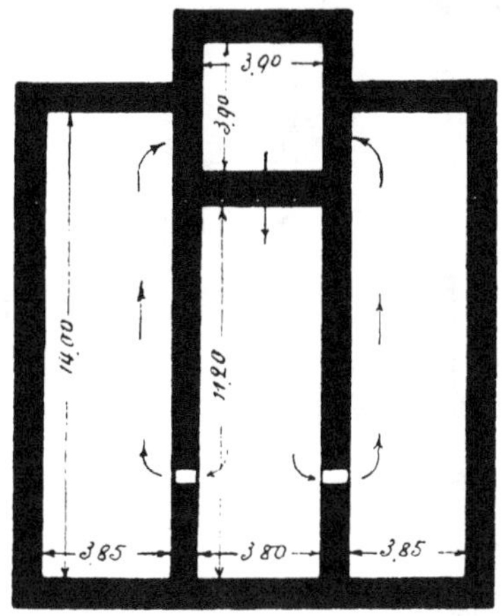

Stärke der Sohle	0,30 m
„ „ Außenwände .	1,00/0,80 m
„ „ Mittelwände . .	„ „
Lichte Höhe	3,50 m
Wassertiefe	3,00 „

4. Behälter **Biebelnheim-Bechtolsheim** mit **295** cbm Inhalt

Stärke der
Sohle . . 0,30 m
Außenwde. 0,80/0,60 m
Mittelwand „ „ „
Licht. Höhe 2,90 m
Wassertiefe 2,40 „

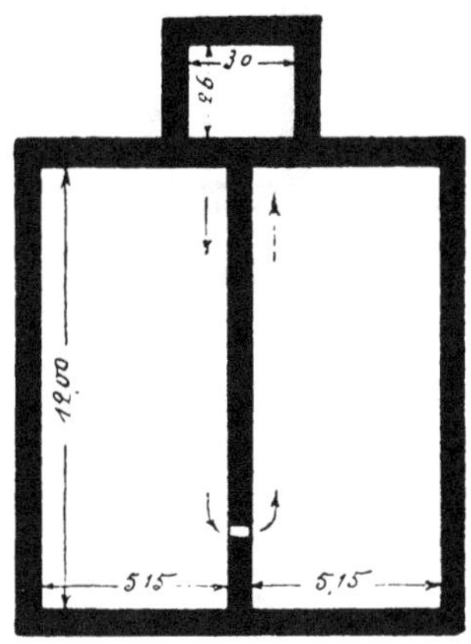

5. Behälter **Guntersblum** mit **255** cbm Inhalt

Stärke der
Sohle . . . 0,30 m
Außenwände . 0,80/0,60 m
Mittelwand . „ „ „
Lichte Höhe . 2,90 m
Wassertiefe . 2,40 „

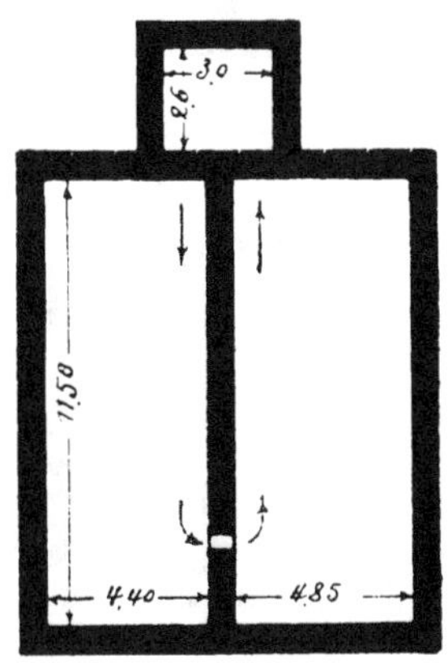

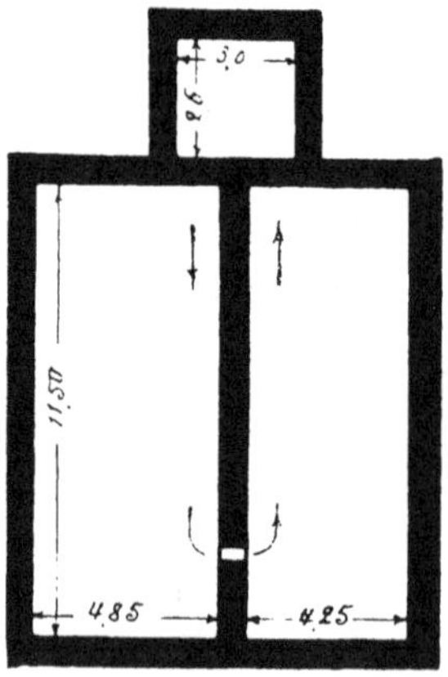

6. Behälter **Eimsheim-Dolgesheim** mit **250** cbm Inhalt

Stärke der
Sohle . . . 0,30 m
Außenwände 0,80 0,60 m
Mittelwand . „ „ „
Lichte Höhe . 2,90 m
Wassertiefe . 2,40 „

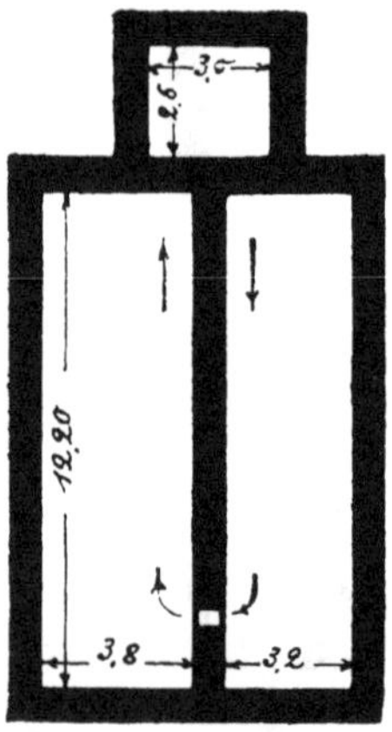

7. Behälter **Alsheim** mit **205** cbm Inhalt

Stärke der
Sohle . . . . 0,30 m
Außenwand . . 0,80/0,60 m
Mittelwand . . „ „ „
Lichte Höhe . . 2,90 m
Wassertiefe . . 2,40 „

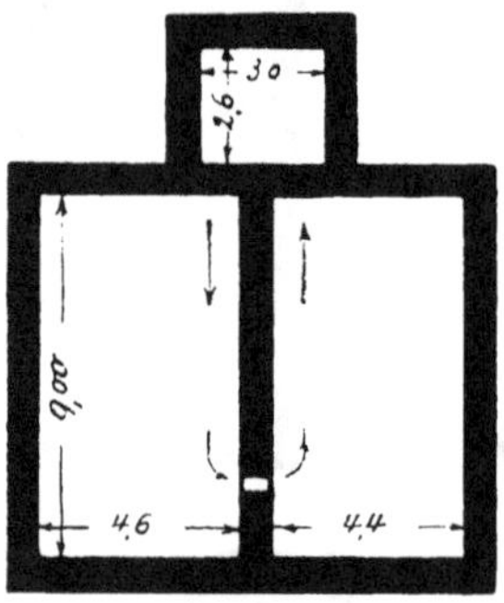

8. Behälter **Framersheim;**
9. Behälter **Undenheim** mit je **195** cbm Inhalt

Stärke der
Sohle . . . 0,30 m
Außenwände 0,80 0,60 m
Mittelwand . „ „ „
Lichte Höhe 2,90 m
Wassertiefe . 2,40 „

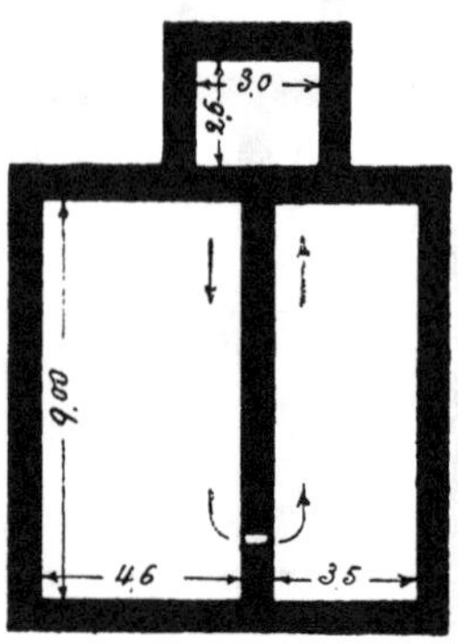

10. Behälter **Schornsheim** mit **175** cbm Inhalt

Stärke der
Sohle . . . . 0,30 m
Außenwände . 0,80/0,60 m
Mittelwand . . „ „ „
Lichte Höhe . 2,90 m
Wassertiefe . . 2,40 „

11. Behälter **Dienheim;**
12. „ **Dorn-Dürkheim** mit je **150** cbm Inhalt

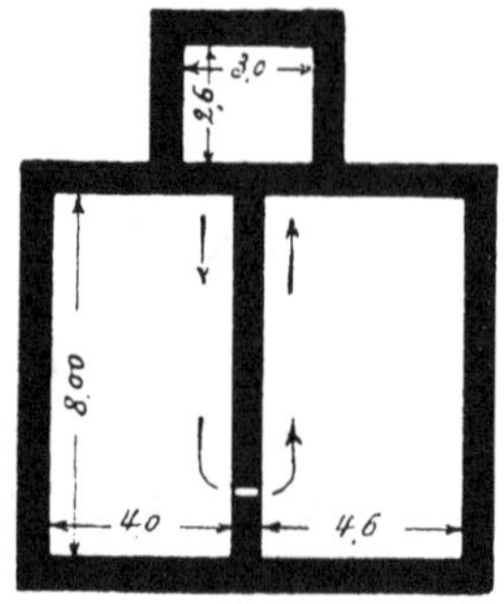

Stärke der
Sohle . . . 0,30 m
Außenwände 0,70 0,50 m
Mittelwand . „ „ „
Lichte Höhe 2,70 m
Wassertiefe . 2,20 „

13. Behälter **Wald-Uelversheim** mit **145** cbm Inhalt

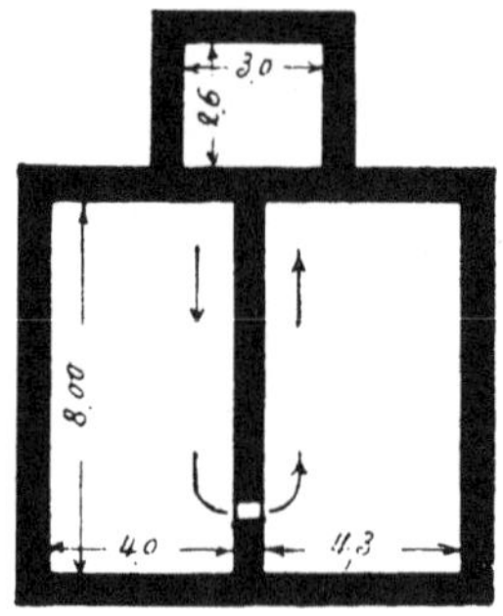

Stärke der
Sohle . . . . 0,30 m
Außenwände . 0,70/0,50 m
Mittelwand . . „ „ „
Lichte Höhe . 2,70 m
Wassertiefe . 2,20 „

14. Behälter **Dalheim** mit **130** cbm Inhalt
15. „ **Dexheim** „ **130** „ „
16. „ **Gabsheim** „ **130** „ „

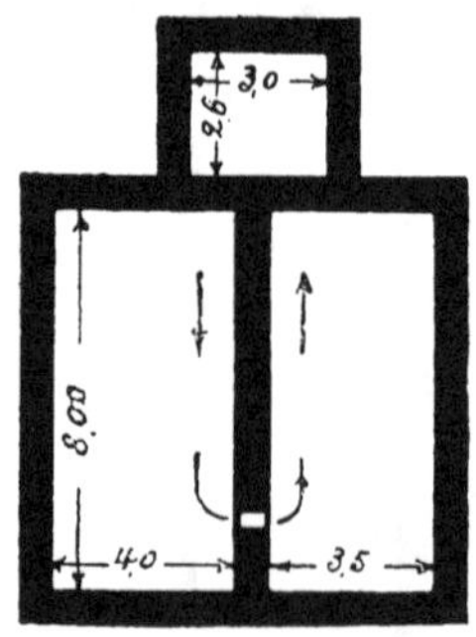

Stärke der
Sohle . . . . 0,30 m
Außenwände . . 0,70/0,50 m
Mittelwand . . „ „ „
Lichte Höhe . . 2,70 m
Wassertiefe . . 2,20 „

17. Behälter **Weinolsheim** mit **120** cbm Inhalt
18. „ **Hahnheim** „ **120** „ „

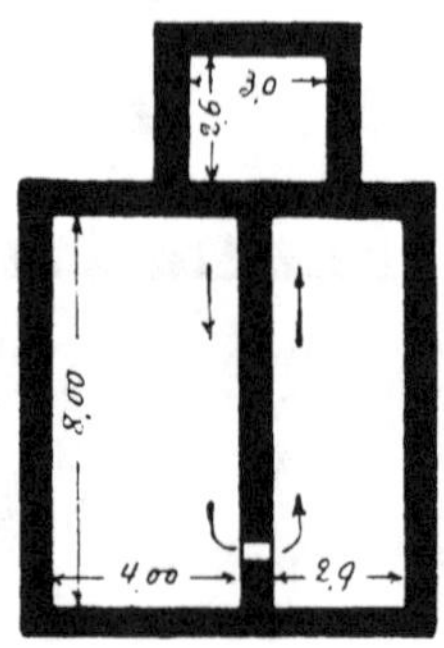

Stärke der
Sohle . . . . . 0,30 m
Außenwände . . 0,70 0,50 m
Mittelwand . . . „ „ „
Lichte Höhe . . 2,70 m
Wassertiefe . . . 2,20 „

Fig. 6. Pumpwerksgebäude, Ostansicht.

19. Behälter **Hillesheim** mit 115 cbm Inhalt

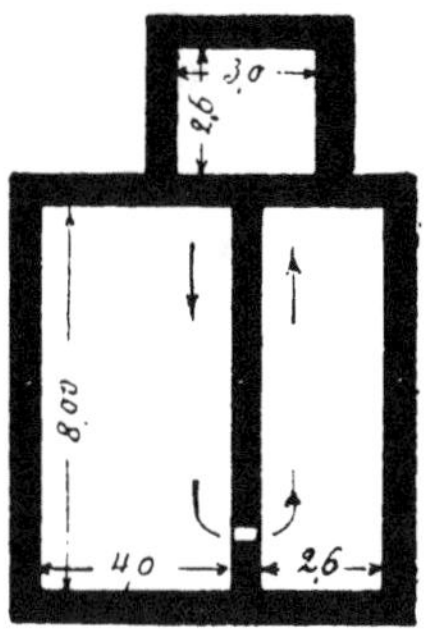

Stärke der

Sohle	0,30 m
Außenwände . . .	0,70/0,50 m
Mittelwand	„ „ „
Lichte Höhe	2,70 m
Wassertiefe	2,20 „

20. Behälter **Friesenheim**;
21. Behälter **Köngernheim a. Selz** mit je 110 cbm Inhalt

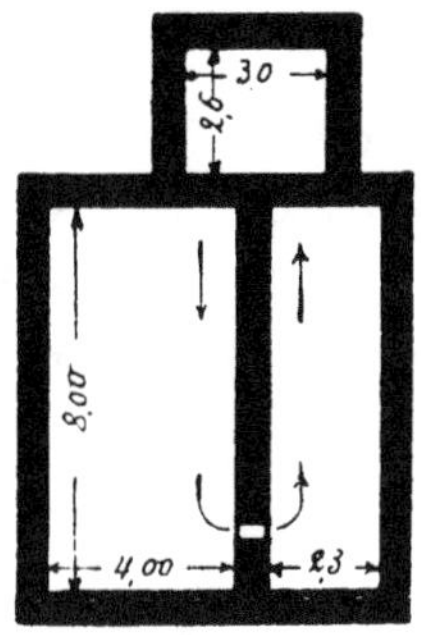

Stärke der

Sohle	0,30 m
Außenwände . . .	0,70/0,50 m
Mittelwand	„ „ „
Lichte Höhe . . .	2,70 m
Wassertiefe	2,70 „

22. Behälter **Ludwigshöhe** mit 85 cbm Inhalt

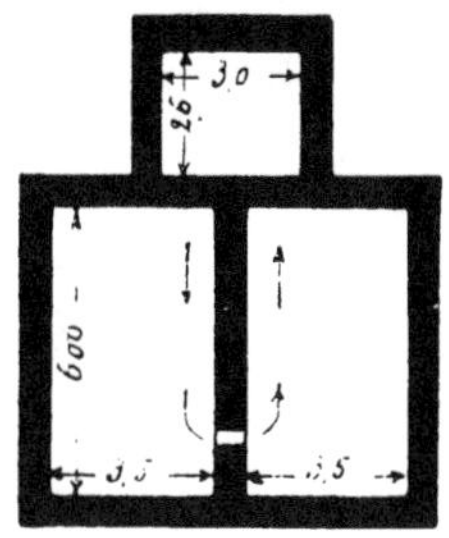

Stärke der

Sohle	0,30 m
Außenwände . . .	0,60/0,40 m
Mittelwand	„ „ „
Lichte Höhe . . .	2,50 m
Wassertiefe	2,00 „

Statische Berechnung der Behälterdecken.

Haupt-Hochbehälter I bei Hangen-Wahlheim.

Gewicht der Überdeckung . . . 1600 kg
„ des Betons . . . . . 2400 „

Die Betonplatte ist kontinuierlich über 5 Stützen.

Stützweite = 3,00 m.

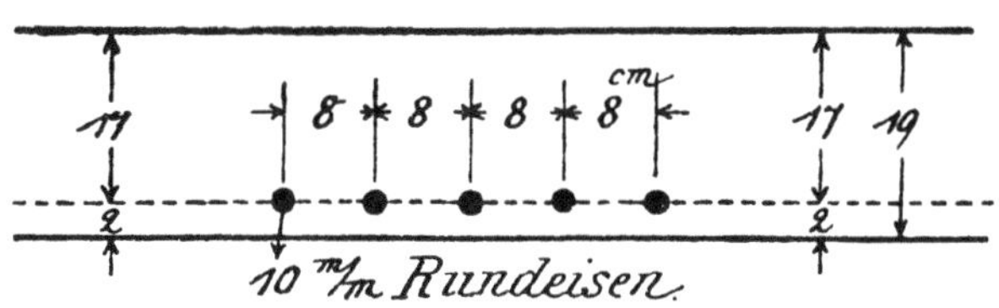

Eigengewicht der Betondecke pro qm . . . = 0,19 · 1,00 · 1,00 · 2400 = 456 kg
Nutzlast der Überdeckung von 1,25 m Höhe = 1,25 · 1,00 · 1,00 · 1600 = 2000 „

p pro qm = 2456 kg

Gesamtbelastung $P = p \cdot l = 3{,}00 \cdot 2456 = 7368$ kg.

Berechnung der Momente:

a) Momente über den Stützen: (negativ).

$M_B = 0{,}1071 \cdot 7368 \cdot 300 = 236\,734$ kgcm

$M_C = 0{,}0714 \cdot 7368 \cdot 300 = 157\,823$ „

b) Momente M_{max} in der Feldmitten.

$M_{1max} = 0{,}00772 \cdot 7368 \cdot 300 = 170\,643$ kgcm

$M_{2max} = 0{,}0364 \cdot 7368 \cdot 300 = 80\,458$ „

Entfernung der Momente M_{max} von den zunächst nach links liegenden Stützen

$$x_1 = 0{,}3930 \cdot 3{,}00 = 1{,}179 \text{ m}$$
$$x_2 = 0{,}5357 \cdot 3{,}00 = 1{,}6071 \text{ „}$$

Entfernungen der Wendepunkte der elastischen Linie von den zunächst nach links liegenden Stützen

$$\xi_1 = 0{,}7860 \cdot 3{,}0 = 2{,}358 \text{ m}$$
$$\xi_2 = 0{,}2659 \cdot 3{,}0 = 0{,}7977 \text{ „}$$
$$\xi_3 = 0{,}8055 \cdot 3{,}0 = 2{,}4165 \text{ „}$$

Nach diesen Ermittlungen ist die Momentenkurve konstruiert.

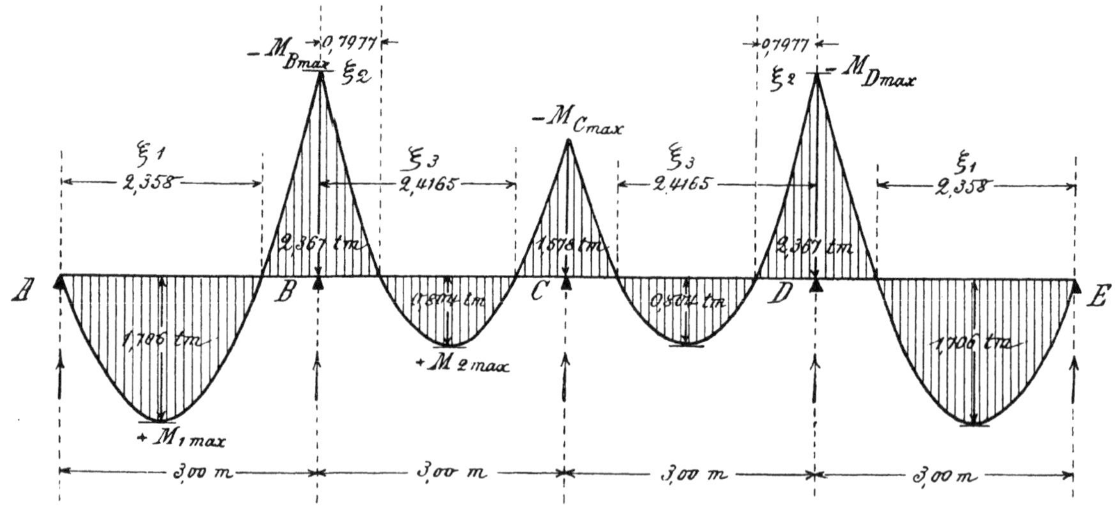

Auflagerdrücke $T_0 = 0{,}3929 \cdot (2456 \cdot 3{,}0) = 2895$ kg
$T_1 = 1{,}1428 \cdot (2456 \cdot 3{,}0) = 8420$ „
$T_2 = 0{,}9286 \cdot (2456 \cdot 3{,}0) = 6842$ „

Auflagerdruck rechts für das erste Feld $(3{,}0 \cdot 2{,}456) - 2{,}895 = 4{,}473$ t
links für das zweite Feld $8{,}420 - 4{,}473 = 3{,}947$ t
rechts für das zweite Feld $\frac{6842}{2} = 3{,}421$ t
oder $7{,}368 - 3{,}947 = 3{,}421$ t

Hieraus ist die Kurve der Querkräfte konstruiert.

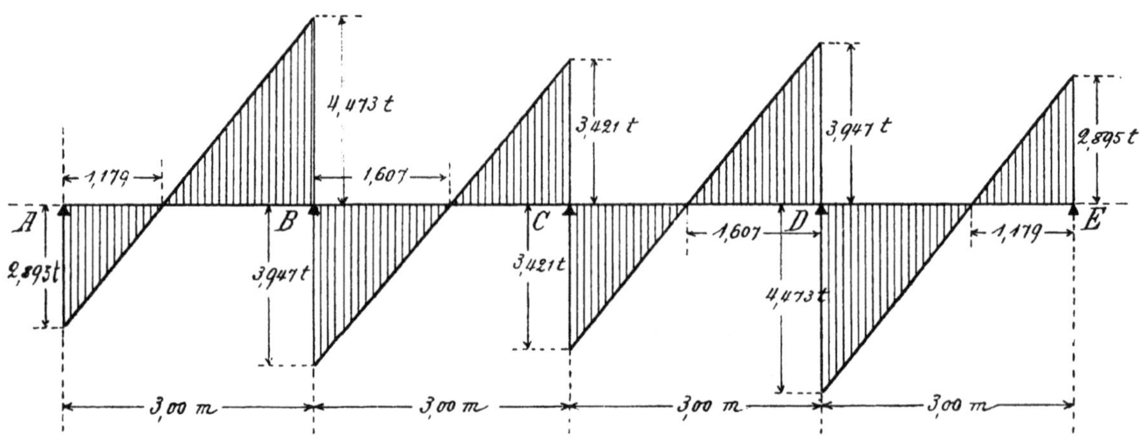

Fig. 7. Pumpwerksgebäude, Nordansicht.

Fig. 8. Verbindungsgang zwischen Maschinenhalle und Wohngebäude.

Dimensionierung der Platte.

I. Zwischen den Stützen.

Es werden 10 mm Rundeisen in einer Entfernung von 8 cm von Mitte zu Mitte gelegt. Für $b = 100$ cm ist der erforderliche Querschnitt $f_e = \frac{0{,}785}{8} \cdot 100 = 9{,}81$ qcm.

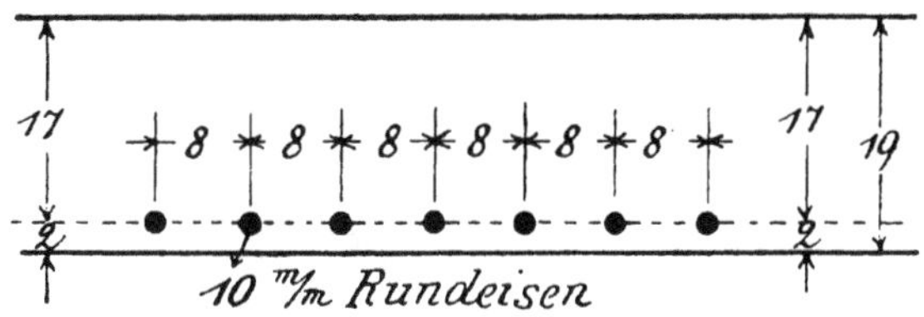

Für die Bestimmung der größten Beanspruchungen im Beton und Eisen ist es zunächst erforderlich, die genaue Lage der Nullinie zu ermitteln.

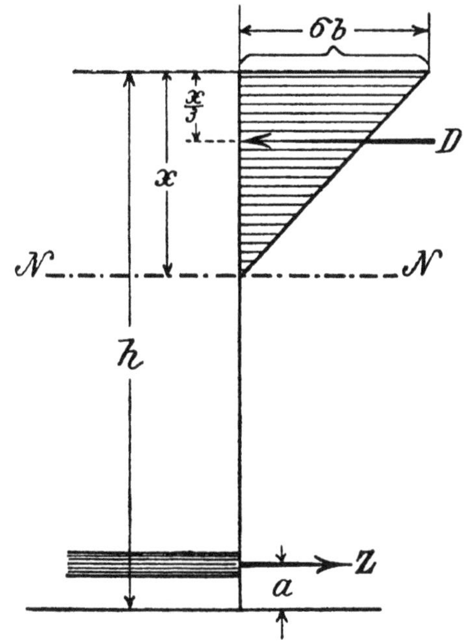

h sei die Gesamtstärke der Platte in cm,

a der Abstand der Eiseneinlagen vom unteren Rande in cm (gemessen vom Schwerpunkt des Eisenquerschnittes),

x der Abstand der Nullinie von Plattenoberkante in cm,

σ_b bzw. σ_e die größten Spannungen im Beton und im Eisen, ausgedrückt in kg/qcm und

f_e der gesamte in b cm Breite vorhandene Eisenquerschnitt in qcm.

Dann ist die Druckkraft

$$D = \frac{\sigma_b \cdot x}{2} \cdot b$$

und die Zugkraft

$$Z = \sigma_e \cdot f_e.$$

Das in Berechnung zu ziehende Maximalmoment beträgt $M_{\max} = 170\,643$ kgcm.

Der Abstand der Nullinie von Plattenoberkante

$$x = \frac{n \cdot f_e}{b}\left(\sqrt{1 + \frac{2 \cdot b \cdot (h-a)}{n \cdot f_e}} - 1\right) = \frac{15 \cdot 9{,}81}{100} \cdot \left(\sqrt{1 + \frac{2 \cdot 100 \cdot 17}{15 \cdot 0{,}785}} - 1\right)$$

oder

$$x = \frac{15 \cdot 0{,}785}{8} \cdot \left(\sqrt{1 + \frac{2 \cdot 8 \cdot 17}{15 \cdot 0{,}785}} - 1\right) = 5{,}75 \text{ cm.}$$

Beanspruchung des Eisens:

$$\sigma_e = \frac{M}{f_e \cdot \left(h - a - \frac{x}{3}\right)} = \frac{170\,643}{9{,}81 \cdot \left(17 - \frac{5{,}75}{3}\right)} = 1153{,}5 \text{ kg/qcm}$$

Beanspruchung des Betons:

$$\sigma_b = \frac{2\,M}{b \cdot x \cdot \left(h - a - \frac{x}{3}\right)} = \frac{2 \cdot 170\,643}{100 \cdot 5{,}75 \cdot \left(17 - \frac{5{,}75}{3}\right)} = 39{,}3 \text{ kg/qcm}$$

Es wird für alle 4 Öffnungen diese Dimensionierung angeordnet, obwohl die Decke in den beiden Mittelöffnungen weit geringer beansprucht ist.

II. Über den Stützen:

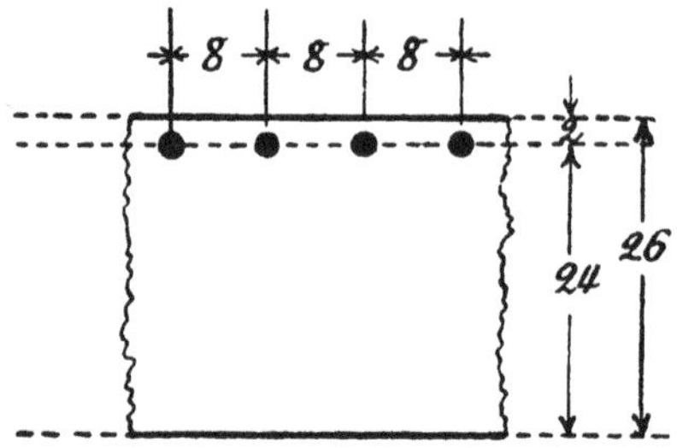

$$M_{max} = 236\,734 \text{ kgcm}$$

$$x = \frac{n \cdot f_e}{b} \cdot \left(\sqrt{1 + \frac{2b \cdot (h - a)}{n \cdot f_e}} - 1\right)$$

$$= \frac{15 \cdot 9{,}81}{100} \cdot \left(\sqrt{1 + \frac{2 \cdot 100 \cdot 24}{15 \cdot 9{,}81}} - 1\right)$$

oder

$$x = \frac{15 \cdot 0{,}785}{8} \cdot \left(\sqrt{1 + \frac{2 \cdot 8 \cdot 24}{15 \cdot 0{,}785}}\right) = 7{,}06 \text{ cm.}$$

$$\sigma_e = \frac{M}{f_e \cdot \left(h - a - \frac{x}{3}\right)} = \frac{236\,734}{9{,}81 \cdot 24 - \frac{7{,}06}{3}} = 1114{,}7 \text{ kg/qcm}$$

$$\sigma_b = \frac{2\,M}{b \cdot x \cdot \left(h - a - \frac{x}{3}\right)} = \frac{2 \cdot 236\,734}{100 \cdot 7{,}06 \cdot \left(24 - \frac{7{,}06}{3}\right)} = 31{,}0 \text{ kg/qcm.}$$

Diese Anordnung gilt für alle Auflager.

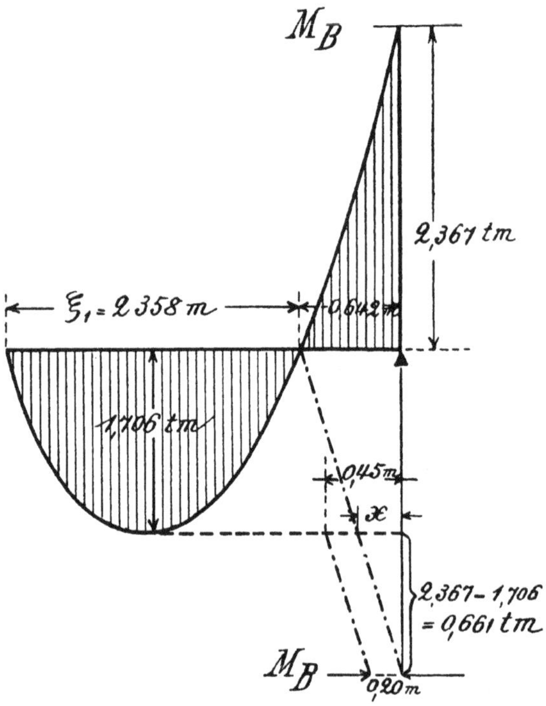

Am Übergang zwischen Auflager und mittlerem Teil ist eine Voute erforderlich, die nachstehend ermittelt ist:

$$x : 0{,}642 = 0{,}661 : 2{,}367$$

$$x = \frac{0{,}642 \cdot 0{,}661}{2{,}367} = 0{,}18 \text{ m.}$$

Gewählt ist 0,45 m bei 0,20 m am Auflager.

Ermittelung der Schubspannungen.

I. Zwischen den Stützen.

Die größte auftretende Querkraft im ersten Felde ist $Q_{max} = 2{,}895$ t;

Hieraus ergibt sich dann eine Schubspannung am Auflager von

$$\tau_0 = \frac{V}{b \cdot \left(h - a - \frac{x}{3}\right)} = \frac{2895}{100 \cdot \left(17 - \frac{5{,}75}{3}\right)}$$

$$= 1{,}92 \text{ kg/qcm.}$$

II. Über den Stützen:

Der größte Auflagerdruck einer Öffnung rechts für das erste Feld beträgt 4,473 t; es ergibt sich somit eine Schubspannung

$$\tau_0 = \frac{V}{b \cdot \left(h - a - \frac{x}{3}\right)} = \frac{4473}{100 \cdot \left(24 - \frac{7{,}06}{3}\right)} = 2{,}07 \text{ kg/qcm.}$$

Es ist somit der Nachweis geführt, daß die Schubspannungen des Betons innerhalb der zulässigen Grenze von 4,5 kg/qcm bleiben.

Die Decke über der Schieberkammer wurde ebenfalls als Betonplatte mit kreuzweiser Armierung ausgeführt.

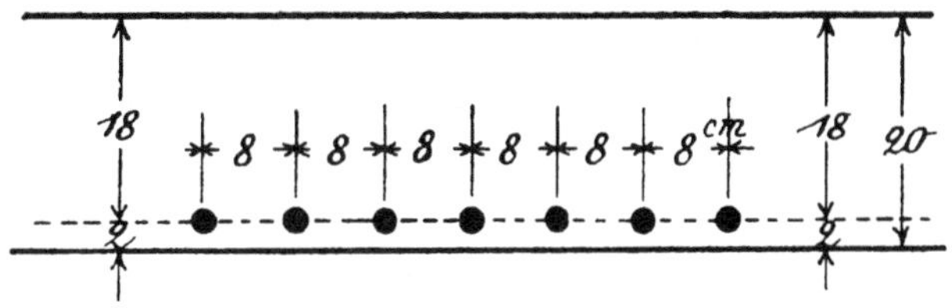

Eigengewicht der Betonplatte pro qm	0,20 · 1,00 · 1,00 · 2400 =	480 kg
Nutzlast bei 1,00 m Überdeckung pro qm . . .	1,00 · 1,00 · 1,00 · 1600 =	1600 „
	Gesamtlast P =	2080 kg/qm
	oder p =	0,208 „

Ist nach nebenstehender Skizze L die längere und l die kürzere Seite eines rechteckigen Raumes, so geschieht bei gleichmäßig verteilter Belastung die Berechnung der Biegungsmomente in der Plattenmitte nach folgenden Formeln:

$$M_L = \frac{p \cdot L^2}{8} \cdot \frac{l^4}{L^4 + l^4} \text{ und}$$

$$M_l = \frac{p \cdot l^2}{8} \cdot \frac{L^4}{L^4 + l^4};$$

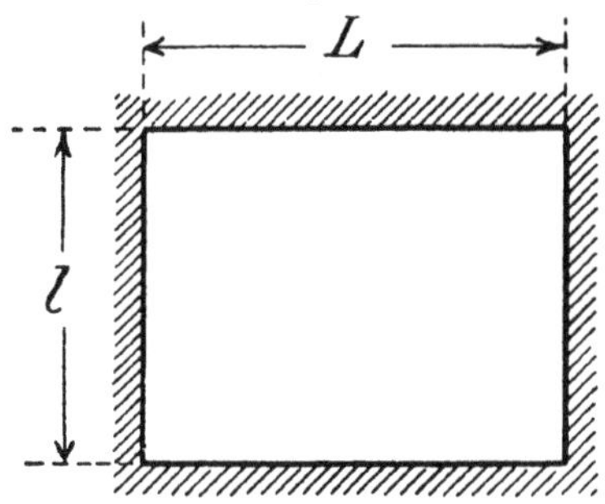

Hierbei ist allseitige freie Auflagerung vorausgesetzt.

Für quadratischen Grundriß bei kreuzweiser Armierung ist

$$M_L = M_l = \frac{p \cdot L^2}{8} \cdot \frac{l^4}{L^4 + l^4} = \frac{p \cdot L^2}{16}$$

Stützweite $L = l = 4{,}20$ m.

Berücksichtigt man eine gewisse Einspannung der Platte, indem man nur $^4/_5$ des ermittelten Momentes in Berechnung zieht, so ergibt sich ein Maximalmoment von

$$M = \frac{0{,}208 \cdot (400 + 20)^2}{16} \cdot \frac{4}{5} = 1835 \text{ kgcm.}$$

Als Armierung werden 10 mm Rundeisen in einer Entfernung von 8 cm kreuzweise gelegt.

Lage der Nullinie von Plattenoberkante

$$x = \frac{n \cdot fe}{b'}\left(\sqrt{1 + \frac{2\,b'(h-a)}{n \cdot fe}} - 1\right) = \frac{15 \cdot 0{,}785}{8}\left(\sqrt{1 + \frac{2 \cdot 8 \cdot 18}{15 \cdot 0{,}785}} - 1\right) = 5{,}95 \text{ cm.}$$

Daraus ergibt sich die Beanspruchung des Eisens

$$\sigma_e = \frac{b' \cdot M}{fe \cdot \left(h - a - \frac{x}{3}\right)} = \frac{8 \cdot 1835}{0{,}785 \cdot \left(18 - \frac{5{,}95}{3}\right)} = 1165 \text{ kg/qcm.}$$

Beanspruchung des Betons

$$\sigma_b = \frac{2 \cdot \sigma_e \cdot fe}{x \cdot b'} = \frac{2 \cdot 1165 \cdot 0{,}785}{5{,}95 \cdot 8} = 33 \text{ kg/qcm.}$$

Eisenbetondecken für den Ortsbehälter **Gau-Odernheim — Gau-Köngernheim.**

Die Behälterkammer wurde mit Plattenbalken über 3 Öffnungen kontinuierlich überdeckt.

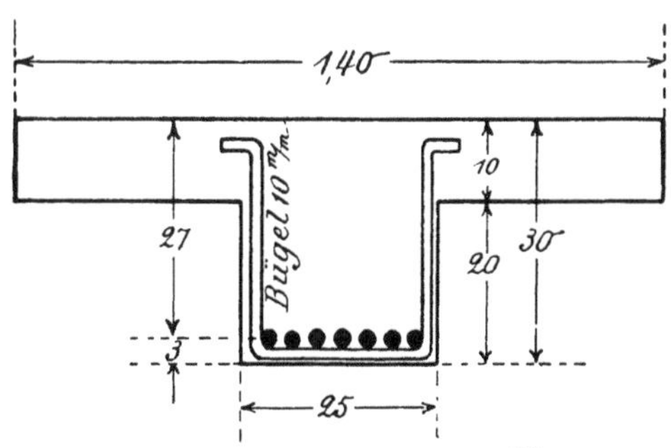

Eigengewicht des Plattenbalkens =

(1,40 · 0.10 + 0,20 · 0,25 · 1,00) · 2400 = 456 kg

Nutzlast bei 1,25 m Überdeckung =

(1,40 · 1,25 · 1,00) · 1600 . . . . . = 2800 „

Belastung pro lfd. m = 3256 kg.

Belastung pro Balken $P = 3256 \cdot 4{,}70 = 15303$ kg.

Berechnung der Momente: (Balken auf 4 Stützen)

a) Zwischen den Stützen:

$M_{1\max} =$ in der 1. Öffnung $15303 \cdot 4{,}70 \cdot 0{,}08 = 575392$ kgcm $= 5{,}75392$ tm

$M_{2\max} =$ „ „ 2. „ $15303 \cdot 4{,}70 \cdot 0{,}025 = 179810$ kgcm $= 1{,}79810$ tm.

b) Über den Stützen:

$M_{3\max} = 15303 \cdot 4{,}70 \cdot 0{,}10 = 719241$ kgcm $= 7{,}19241$ tm.

Entfernung der Momente $M_{\max}$ von den zunächst nach links liegenden Stützen:

$$x_1 = 0{,}4 \cdot 4{,}70 = 1{,}88 \text{ m}$$
$$x_2 = 0{,}5 \cdot 4{,}70 = 2{,}35 \text{ „}$$

Entfernung der Wendepunkte der elastischen Linie von den zunächst nach links liegenden Stützen:

$$\xi_1 = 0{,}8 \cdot 4{,}70 = 3{,}76 \text{ m}$$
$$\xi_2 = 0{,}276 \cdot 4{,}70 = 1{,}299 \text{ m}$$
$$\xi_3 = 0{,}724 \cdot 4{,}70 = 3{,}403 \text{ m}$$

Nach diesen Ermittelungen ist die **Momentenkurve** aufgetragen.

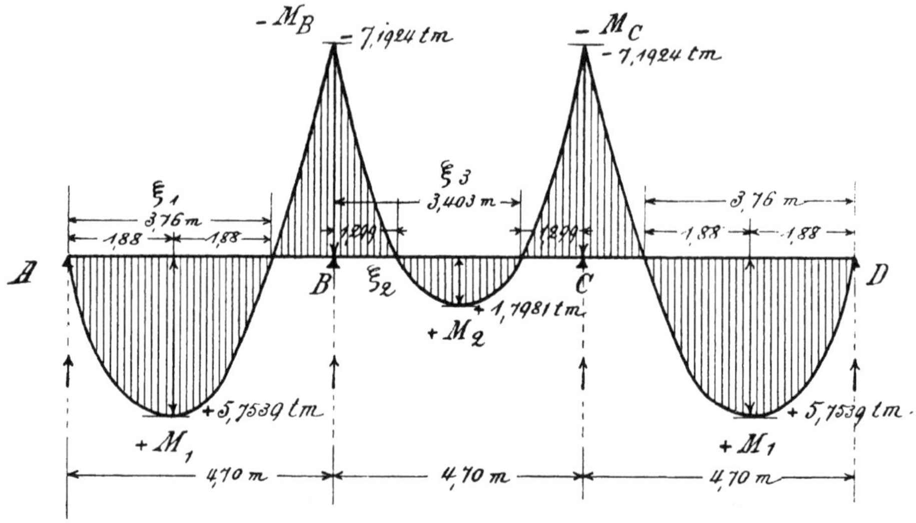

Auflagerdrücke:

$$A_0 = T_0 = 0{,}40 \cdot 15{,}303 = 6{,}1212 \text{ t}$$
$$T_1 = 1{,}10 \cdot 15{,}303 = 16{,}833 \text{ t}$$

Auflagerdruck rechts für das 1. Feld $= 15{,}303 - 6{,}121 = 9{,}182$ t

„ links „ „ 2. „ $= 16{,}833 - 9{,}182 = 7{,}651$ t

„ rechts „ „ 2. „ $= 15{,}303 - 7{,}615 = 7{,}652$ t
oder $= 16{,}833 - 9{,}182 = 7{,}651$ t

Fig. 9. Haupthochbehälter I bei Hangen-Wahlheim, Gemarkung Alsheim.

Hiernach ist die Kurve der Querkräfte aufgetragen.

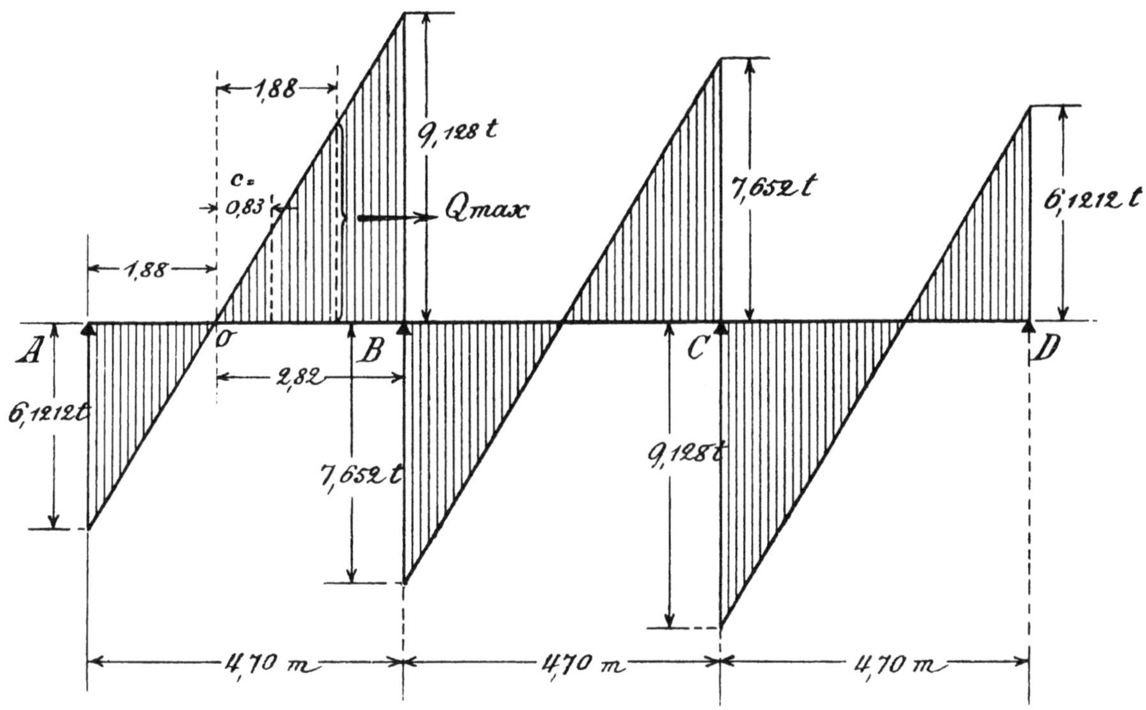

A. Dimensionierung des Balkens in den Außenfeldern.

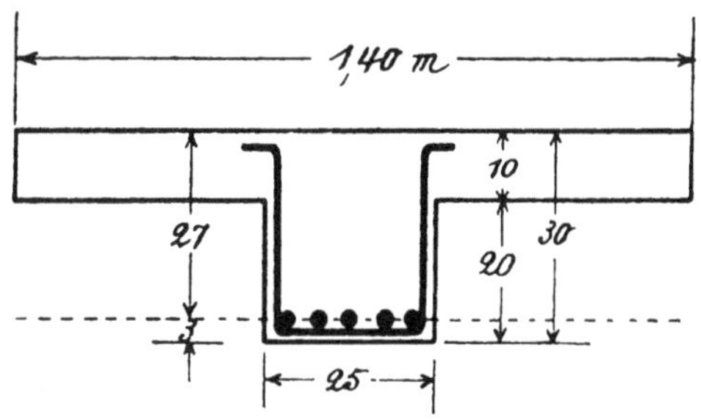

a) Zwischen den Stützen:

Die Eisenarmierung des Plattenbalkens besteht aus 7 Rundeisen von 20 mm Durchmesser mit einem Querschnitt von 21,98 qcm.

$$M_{1\max} = 575392 \text{ kgcm}.$$

Abstand der Nullinie von Plattenoberkante

$$x = \frac{n\,fe}{b}\left(\sqrt{1 + \frac{2\,b \cdot (h - a)}{n\,fe}} - 1\right) = \frac{15 \cdot 21{,}98}{140} \cdot \left(\sqrt{1 + \frac{2 \cdot 140 \cdot 27}{15 \cdot 21{,}98}} - 1\right) = 9{,}16 \text{ cm}.$$

Beanspruchung des Betons:

$$\sigma_b = \frac{2\,M}{b \cdot x \cdot \left(h - a - \frac{x}{3}\right)} = \frac{2 \cdot 575392}{140 \cdot 9{,}16 \cdot \left(27 - \frac{9{,}16}{3}\right)} = 37{,}48 \text{ kg/qcm}.$$

Beanspruchung des Eisens:

$$\sigma_e = \frac{M}{fe \cdot \left(h - a - \frac{x}{3}\right)} = \frac{575392}{21{,}98 \cdot \left(27 - \frac{9{,}16}{3}\right)} = 1092 \text{ kg/qcm}.$$

Die Balken des mittelsten Feldes wurden mit Rücksicht auf die einfachere Ausführung genau so stark dimensioniert, wie die der beiden Außenfelder.

b) Über den Mittelstützen:

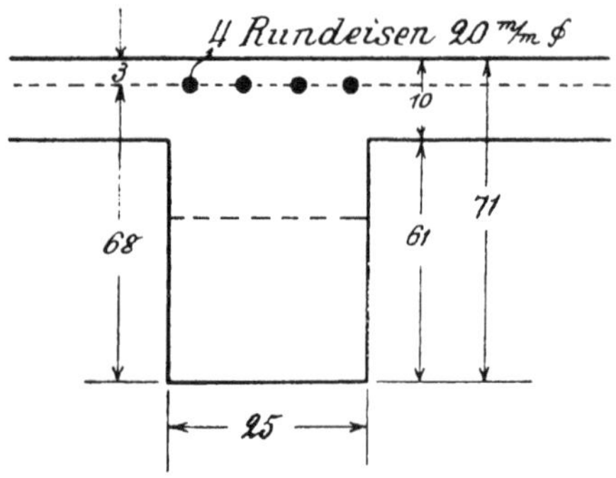

Eiseneinlagen: 4 Rundeisen 20 mm Durchmesser

$$fe = 4 \cdot 3{,}14 = 12{,}56 \text{ qcm.}$$

$$M_{3\max} = 719\,241 \text{ kgcm.}$$

Abstand der Nullinie von Plattenoberkante

$$x = \frac{n fe}{b}\left(\sqrt{1 + \frac{2b \cdot (h - a)}{n fe}} - 1\right)$$

$$= \frac{15 \cdot 12{,}56}{25} \cdot \left(\sqrt{1 + \frac{2 \cdot 68 \cdot 25}{15 \cdot 12{,}56}} - 1\right) = 25{,}35 \text{ cm}$$

$$h - a - \frac{x}{3} = 68 - \frac{25{,}35}{3} = 59{,}55 \text{ cm}$$

Beanspruchung des Betons:

$$\sigma_b = \frac{2M}{b_1 \cdot x \cdot \left(h - a - \frac{x}{3}\right)} = \frac{2 \cdot 719241}{25 \cdot 25{,}35 \cdot \left(68 - \frac{25{,}35}{3}\right)} = 38{,}2 \text{ kg/qcm}$$

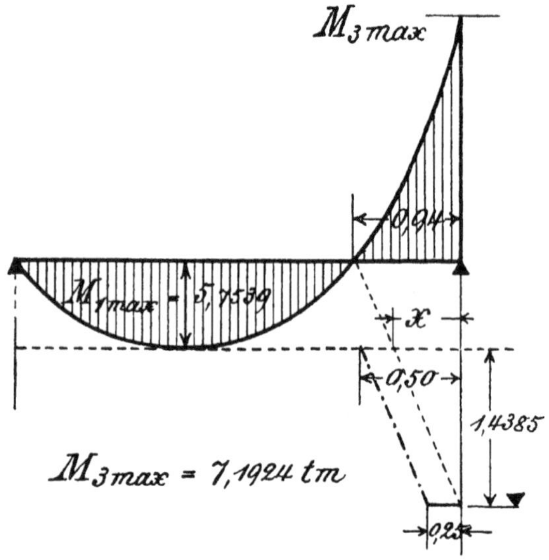

Beanspruchung des Eisens:

$$\sigma_e = \frac{M}{fe\left(h - a - \frac{x}{3}\right)} = \frac{719241}{12{,}56 \cdot \left(68 - \frac{25{,}35}{3}\right)}$$

$$= 958 \text{ kg/qcm}$$

Diese Anordnung gilt für sämtliche Auflager.

Am Übergang zwischen Auflager und mittlerem Teil ist eine Voute erforderlich, die nachstehend ermittelt ist:

$$x = \frac{1{,}4385 \cdot 0{,}94}{7{,}1924} = 0{,}19 \text{ m}$$

Gewählt ist 0,50 m bei 0,25 m am Auflager.

B. Ermittelung der Schubspannungen.

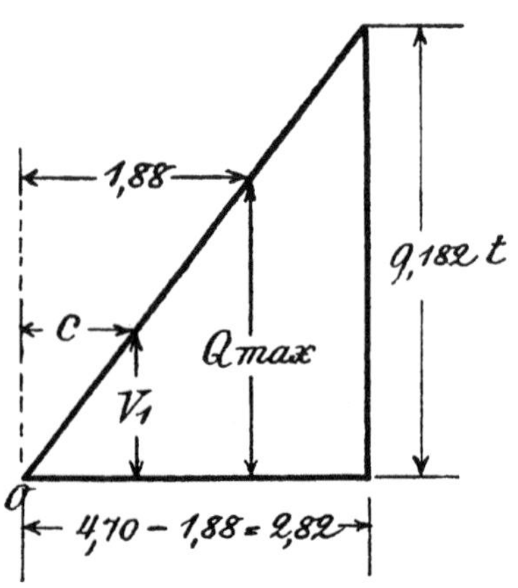

a) Zwischen den Außenfeldern:

Die Schubspannung ist am Auflager am größten und veränderlich mit der Querkraft Q. Die größte auftretende Querkraft im ersten Feld berechnet sich zu:

$$Q_{\max} = \frac{1{,}88 \cdot 9{,}182}{2{,}82} = 6{,}1212 \text{ t}$$

$$\text{Schubspannung } \tau_0 = \frac{V}{b\left(h - a - \frac{x}{3}\right)} = \frac{6121}{25 \cdot \left(27 - \frac{9{,}16}{3}\right)}$$

$$= 10{,}2 \text{ kg/qcm}$$

Diese überschreitet die zulässige Grenze von 4,5 kg/qcm, daher müssen zwei der Eiseneinlagen abgebogen werden und zwar da, wo

$$V_1 = \frac{Q \cdot 4{,}5}{\tau_0} = \frac{6121 \cdot 4{,}5}{10{,}2} = 2700 \text{ kg}$$

ist, also in einer Entfernung

$$c = \frac{2{,}82 \cdot 2{,}700}{9{,}18} = \mathbf{0{,}83} \text{ m vom Nullpunkt aus, oder}$$

$$1{,}88 + 0{,}83 = \mathbf{2{,}71} \text{ m vom linken Auflager aus.}$$

Die Belastung pro lfd. m beträgt 3256 kg = 3,256 t; folglich ist an dieser Stelle das Biegungsmoment

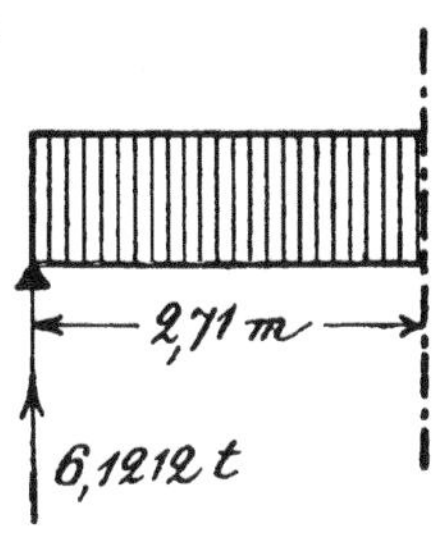

$$M = 6{,}1212 \cdot 2{,}71 - \frac{3{,}256 \cdot 2{,}71^2}{2} = 4{,}6323 \text{ tm}$$

Für die gebliebenen 5 Eiseneinlagen ist ein Querschnitt von

$$5 \cdot 3{,}14 = 15{,}70 \text{ qcm}$$

vorhanden.

Der Abstand der Nullinie von Plattenoberkante

$$x = \frac{nfe}{b} \cdot \left(\sqrt{1 + \frac{2b \cdot (h - a)}{nfe}} - 1\right) = \frac{15 \cdot 15{,}70}{140} \left(\sqrt{\frac{2 \cdot 140 \cdot 27}{15 \cdot 15{,}70}} - 1\right) = 7{,}26 \text{ cm}$$

Daraus ergibt sich eine Beanspruchung des Eisens:

$$\sigma_e = \frac{463230}{15{,}7 \cdot \left(27 - \frac{7{,}26}{3}\right)} = 1200 \text{ kg/qcm}$$

und eine Beanspruchung des Betons:

$$\sigma_b = \frac{1200 \cdot 7{,}26}{15 \cdot \left(27 - \frac{7{,}26}{3}\right)} = 23{,}6 \text{ kg/qcm.}$$

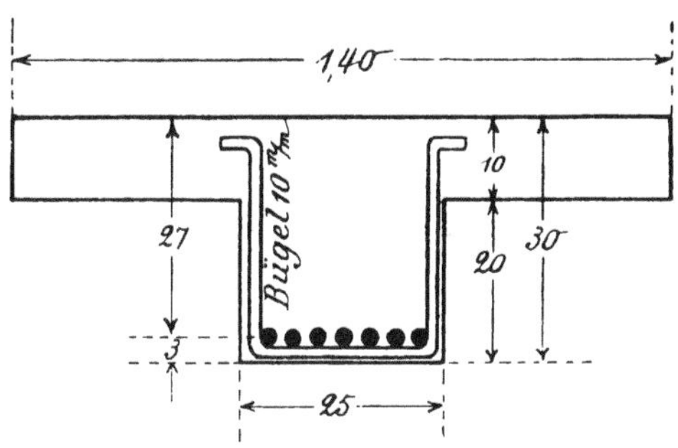

b) Über den Stützen:

Größter Auflagerdruck einer Öffnung rechts im 1. Feld

$$V = 9{,}182 \text{ t}$$

$$h - a - \frac{x}{3} = 59{,}55 \text{ cm}$$

In Berechnung zu ziehende Plattenbreite

$$b' = 25 + 2 \cdot 10 = 45 \text{ cm.}$$

Die Schubspannung beträgt hiefür:

$$\tau_0 = \frac{V}{b'\left(h - a - \frac{x}{3}\right)} = \frac{9182}{59{,}55 \cdot 45} = 3.42 \text{ kg/qcm}$$

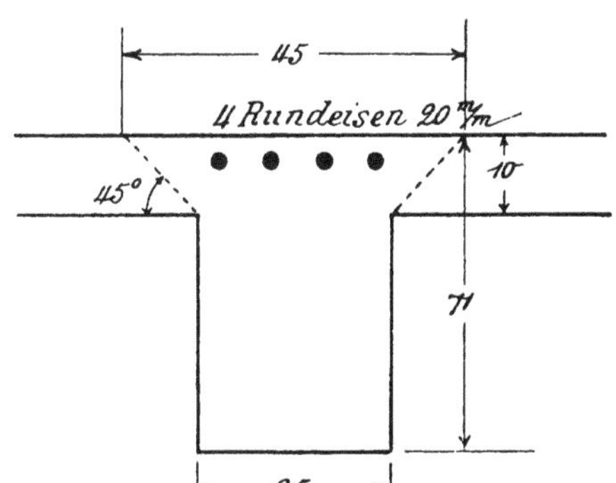

und die Haftspannung:

$$\tau_1 = \frac{\tau_0 \cdot b'}{U} = \frac{3{,}42 \cdot 45}{4 \cdot 2 \cdot 3{,}14} = 6{,}12 \text{ kg/qcm,}$$

wobei U = Umfang der Eiseneinlagen bedeutet.

Durch Aufbiegen wird hierbei die volle Haftspannung ersetzt wie oben die Schubspannung (siehe untenstehende Skizze). Ebenso sind zur Übertragung der Querkräfte in Abständen von 25 cm Verbindungsbügel angeordnet worden.

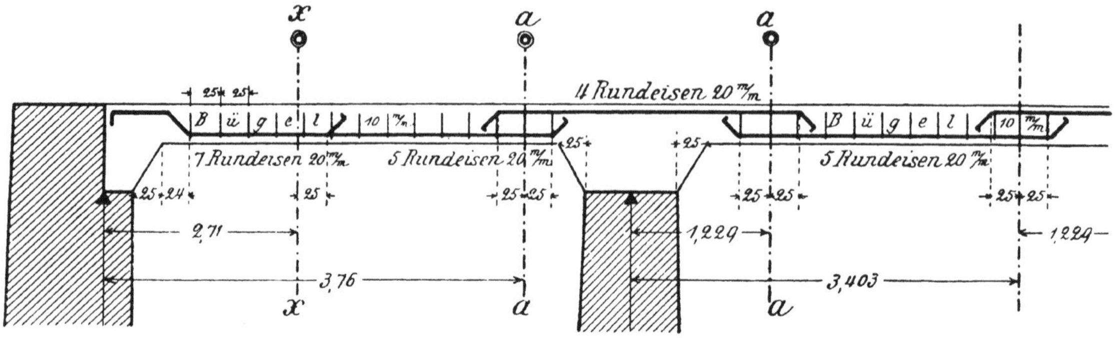

$a - a$ sind die Wendepunkte der elastischen Linie. Sowohl die oberen, wie die unteren Eisen wurden 25 cm darüber hinaus geführt.

$x - x$ sind die berechneten Stellen mit einem Biegungsmoment $M = 4{,}6323$ tm; die bis hierher gehenden zwei Eisen à 20 mm wurden ebenfalls 25 cm darüber hinaus geführt.

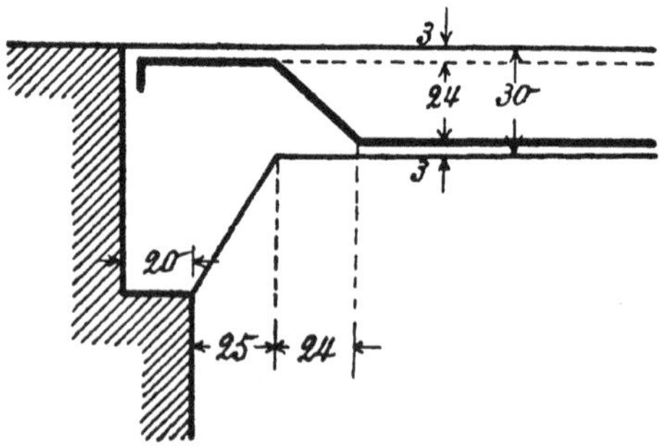

Obere Platte:

Da die Nullinie in der Platte liegt und sowohl Druck- als Zugspannungen auftreten, soll dieselbe mit 10 mm Rundeisen armiert werden, die in 20 cm Entfernung von einander zu liegen kommen.

Am Auflager werden alle Eiseneinlagen, wie nebenstehend skizziert, auf- und umgebogen.

Decke über der Schieberkammer.

Eigengewicht des Plattenbalkens $(1{,}39 \cdot 0{,}10 + 0{,}25 \cdot 0{,}21) \cdot 1{,}00 \cdot 2400 =$ 459 kg,
Nutzlast der Überdeckung von 1,00 m Höhe $= 1{,}39 \cdot 1{,}00 \cdot 1{,}00 \cdot 1600 =$ 2226 „
Belastung pro lfd. m = 2685 kg.

Spannweite des Plattenbalkens = 4,10 m.
Die Armierung soll aus 6 Rundeisen von 20 mm Durchmesser bestehen.

$$fe = 6 \cdot 3{,}141 = 18{,}85 \text{ qcm.}$$

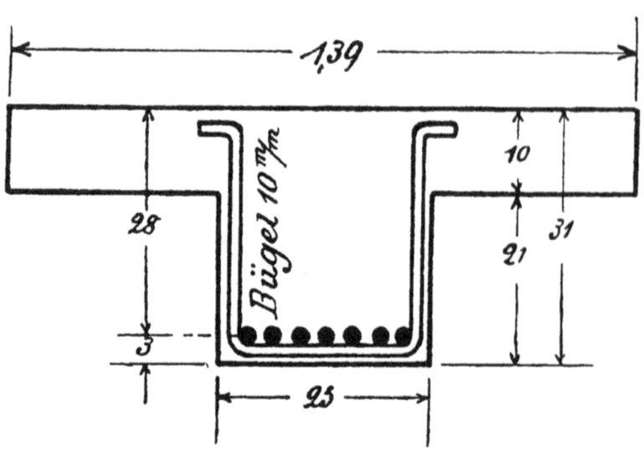

$$P = p \cdot l = 2685 \cdot 4{,}10 = 11\,008 \text{ kg,}$$

$$M = \frac{11\,008 \cdot 410}{8} = 564\,180 \text{ kgcm,}$$

$$x = \frac{15 \cdot 18{,}85}{139} \cdot \left(\sqrt{1 + \frac{2 \cdot 139 \cdot 28}{15 \cdot 18{,}85}} - 1\right) = 8{,}90 \text{ cm,}$$

$$\sigma_b = \frac{564\,180 \cdot 2}{139 \cdot 8{,}90 \cdot \left(28 - \frac{8{,}90}{3}\right)} = 36{,}4 \text{ kg/qcm,}$$

$$\sigma_e = \frac{564\,180}{18{,}85 \cdot \left(28 - \frac{8{,}90}{3}\right)} = 1196 \text{ kg/qcm.}$$

$$\text{Auflagerdruck} = \frac{2685 \cdot 4{,}10}{2} = 5504 \text{ kg,}$$

Fig. 11. Ortshochbehälter Dorn-Dürkheim.

Fig. 12. Ortshochbehälter Alsheim.

Schubspannung

$$\tau_0 = \frac{5504}{25 \cdot \left(28 - \frac{8,90}{3}\right)} = 8,8 \text{ kg/qcm.}$$

Diese ist zu hoch, deshalb müssen zwei Eiseneinlagen abgebogen werden und zwar da, wo

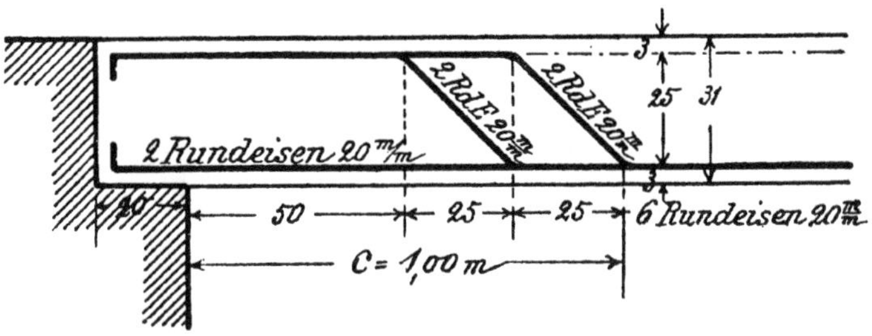

$$V_c = \frac{5504 \cdot 4,5}{8,8} = 2814 \text{ kg ist,}$$

also in einer Entfernung vom Auflager

$$c = \frac{5504 - 2814}{2685} = 1,00 \text{ m.}$$

Eisenbetondecken für den Ortshochbehälter Schornsheim.

A. Rechte Kammer:

Obere lichte Weite . . . 4,70 m

Stützweite $l_1 = 1,04 \cdot 4,70 = 4,90$ m

Bemerkung: Mit Rücksicht darauf, daß die Platte nicht armiert werden soll, ist die Feldbreite b nicht mit einem Drittel der Spannweite angenommen, sondern $b = 1,00$ m; ferner wurde bei der Berechnung darauf Gewicht gelegt, daß in der Platte keine Zugspannungen auftreten sollen, was eine Armierung derselben überflüssig macht.

7 Rundeisen 20 mm Durchmesser = 21,98 qcm Querschnitt.

Eigengewicht des Plattenbalkens . . . . = $(0,10 \cdot 1,00 + 0,23 \cdot 0,30) \cdot 2400 =$ 405 kg,

Nutzlast der Überdeckung von 1,25 m Höhe = $1,00 \cdot 1,00 \cdot 1,25 \cdot 1600 =$ 2000 „

Gesamtlast p pro lfd. m = 2405 kg.

$$P = p \cdot l = 2405 \cdot 4,90 = 11\,785 \text{ kg.}$$

Nach den Bestimmungen des kgl. preußischen Ministeriums der öffentlichen Arbeiten, die Ausführung von Eisenbetonkonstruktionen betr., darf das Biegungsmoment in den Feldmitten bei durchgehenden Plattenbalken zu $^4/_5$ des Wertes angenommen werden, wie bei freier Lagerung auf zwei Stützen, also:

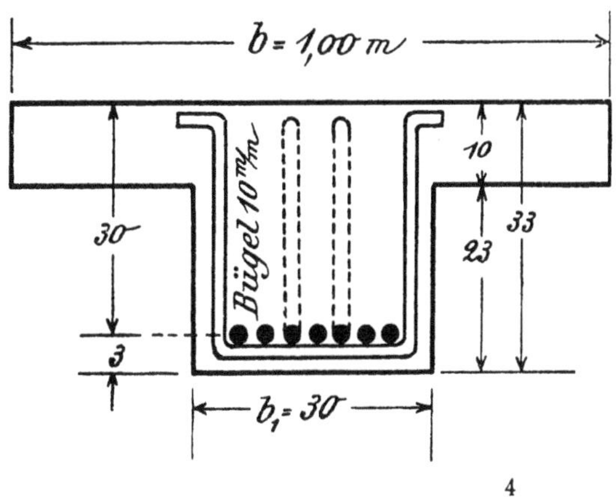

$$M = \frac{P \cdot l}{10} = \frac{11\,785 \cdot 490}{10} = 577\,465 \text{ kgcm.}$$

Da in der Platte keine Zugspannungen auftreten sollen, so berechnet sich die Entfernung der Nullinie von Plattenoberkante nach der Formel:

$$x = \frac{n \cdot fe \cdot (h - a) + \frac{d^2 \cdot b}{2}}{d \cdot b + n \cdot fe} = \frac{30 \cdot 15 \cdot 21{,}98 + \frac{10^2 \cdot 100}{2}}{10 \cdot 100 + 15 \cdot 21{,}98} = 11{,}19 \text{ cm},$$

wobei d = die Plattenstärke in cm bedeutet.

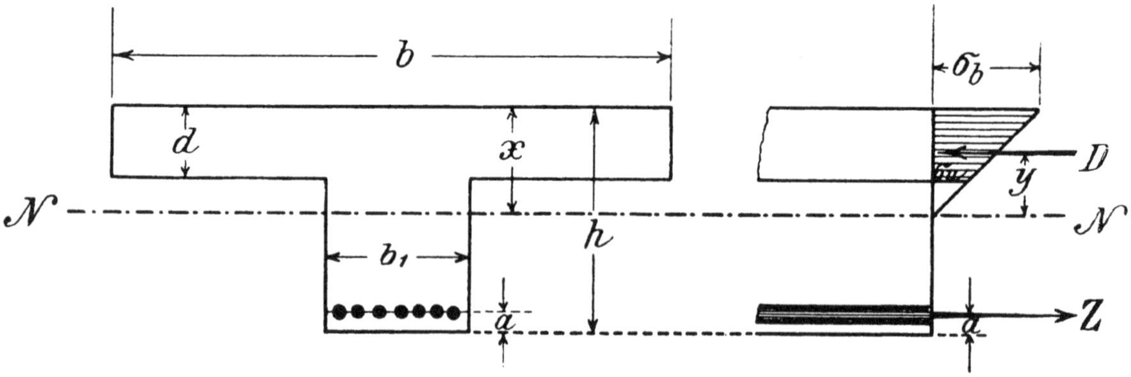

Der Abstand y des Schwerpunktes des Drucktrapezes von der Nullinie $N - N$ berechnet sich nach der Formel

$$y = x - \frac{d}{2} + \frac{d^2}{6 \cdot (2x - d)} = 11{,}19 - \frac{10}{2} + \frac{10^2}{6 \cdot (2 \cdot 11{,}19 - 10)} = 7{,}53 \text{ cm}$$

daraus Beanspruchung des Eisens:

$$\sigma_e = \frac{M}{fe \cdot (h - a - x + y)} = \frac{577\,465}{21{,}98 \cdot (33 - 3 - 11{,}19 + 7{,}53)} = 997 \text{ kg/qcm}$$

und Beanspruchung des Betons:

$$\sigma_b = \sigma_e \cdot \frac{x}{n \cdot (h - a - x)} = 997 \cdot \frac{11{,}19}{15 \cdot (33 - 3 - 11{,}19)} = 39{,}5 \text{ kg/qcm}$$

Schub- und Haftspannungen.

Die Querkraft am Auflager ist:

$$V_{\max} = \frac{11\,785}{2} = 5892 \text{ kg}$$

Die Schubspannung des Betons ist dann:

$$\tau_0 = \frac{V}{b_1 \cdot (h - a - x + y)} = \frac{5892}{30 \cdot (33 - 3 - 11{,}19 + 7{,}53)} = 7{,}46 \text{ kg/qcm}$$

(wobei b_1 die Stegbreite bedeutet).

Die zulässige Schubspannung von 4,5 kg/qcm wird etwas überschritten. Es sollen deshalb zwei Eisen im Abstand c hochgeführt werden und zwar da, wo

$$V_c = 5892 \cdot \frac{4{,}5}{7{,}46} = 3554 \text{ kg}$$

ist, d. h. in einem Abstande

$$c = \frac{(5892 - 3554) \cdot 4{,}90}{11\,785} = 0{,}97 \text{ m}$$

vom Auflager aus.

Die Haftspannung der 5 unteren Eisen berechnet sich dann zu

$$\tau_1 = \frac{\tau_0 \cdot b_1}{U} = \frac{7{,}46 \cdot 30}{5 \cdot 2 \cdot 3{,}14} = 7{,}12 \text{ kg/qcm.}$$

Zur besseren Übertragung der Querkräfte sind in Abständen von 25 cm Verbindungsbügel angeordnet.

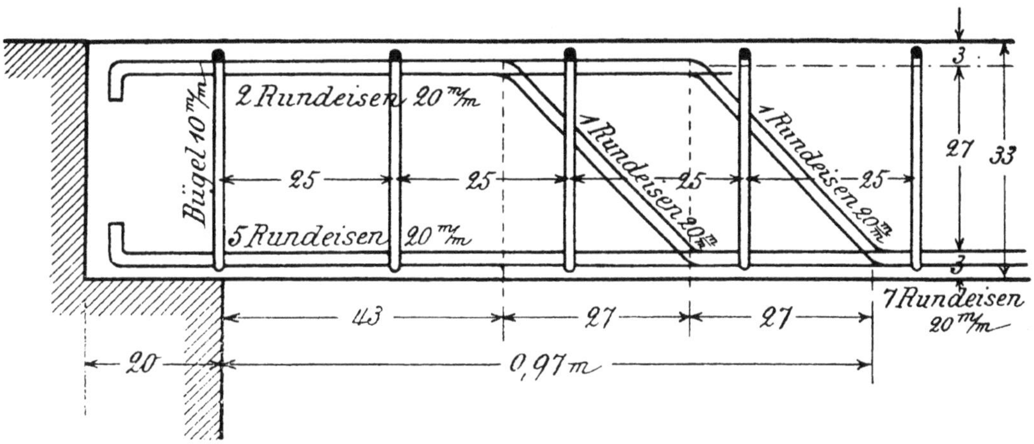

B. Linke Kammer.

Obere lichte Weite . . .	=	3,60 m
Stützweite l_1 = 1,04 · 3,60	=	3,75 „

Eigengewicht des Plattenbalkens	(0,095 + 0,235 · 0,30) · 2400	=	397 kg
Nutzlast der Überdeckung von 1,25 m Höhe . . .	1,00 · 1,00 · 1,25 · 1600	=	2000 „
	Die Gesamtlast p pro lfd. m beträgt		2397 kg
	= rund 2400 kg		
	$P = p \cdot l = 2400 \cdot 3{,}75$	=	9000 kg

Die Eisenarmierung des Plattenbalkens besteht aus 5 Rundeisen von 20 mm Durchmesser; demnach Querschnitt:

$$fe = 5 \cdot 3{,}1416 = 15{,}7 \text{ qcm.}$$

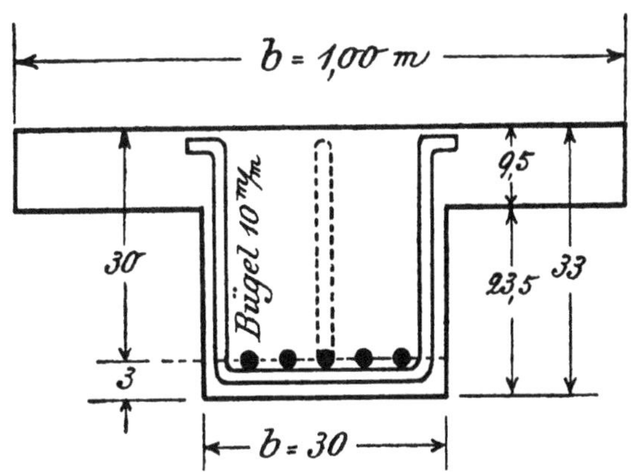

$$M_{\max} = \frac{9000 \cdot 375}{10} = 337500 \text{ kg}$$

$$x = \frac{15 \cdot 15{,}7 \cdot 30 + \frac{9{,}5^2 \cdot 100}{2}}{9{,}5 \cdot 100 + 15 \cdot 15{,}7} = 9{,}77 \text{ cm}$$

$$y = 9{,}77 - \frac{9{,}5}{2} + \frac{9{,}5^2}{6 \cdot (2 \cdot 9{,}77 - 9{,}5)} = 6{,}51 \text{ cm.}$$

Beanspruchung des Eisens:

$$\sigma_e = \frac{337500}{15{,}7 \cdot (30 - 9{,}77 + 6{,}51)} = 804 \text{ kg/qcm.}$$

Beanspruchung des Betons:

$$\sigma_b = 804 \cdot \frac{9{,}77}{15 \cdot (30 - 9{,}77)} = 25{,}8 \text{ kg/qcm.}$$

S c h u b - und H a f t s p a n n u n g e n :

$$V_{max} = \frac{9000}{2} = 4500 \text{ kg}.$$

Die Schubspannung im Beton ist dann:

$$\tau_0 = \frac{4500}{30 \cdot (30 - 9{,}77 + 6{,}51)} = 5{,}61 \text{ kg/qcm}.$$

Durch Abbiegen eines Rundeisens soll ein Überschreiten der zulässigen Grenze der Schubspannung von 4,5 kg/qcm vermieden werden, dies geschieht da, wo

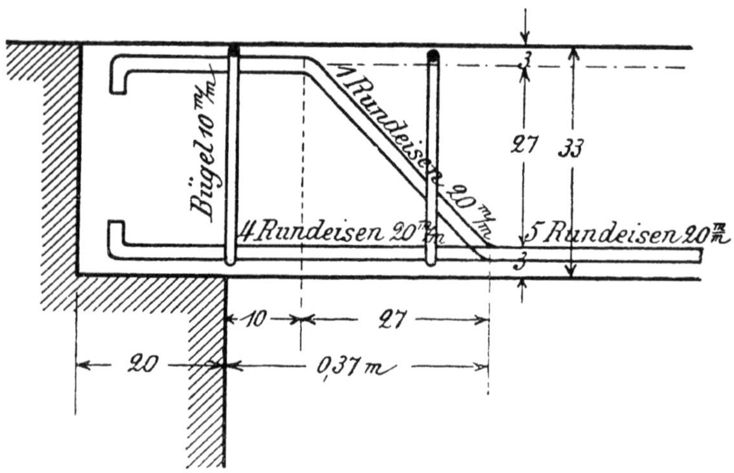

$$V_c = 4500 \cdot \frac{4{,}5}{5{,}61} = 3610 \text{ kg ist,}$$

also in einer Entfernung von

$$c = \frac{(4500 - 3610) \cdot 3{,}75}{9000} = 0{,}37 \text{ m}$$

vom Auflager aus.

Die Haftspannung an den 4 unteren Eisen berechnet sich zu

$$\tau_1 = 5{,}61 \cdot \frac{30}{4 \cdot 2 \cdot 3{,}14} = 6{,}70 \text{ kg}.$$

Auch hier sind Bügel im Abstande von 25 cm angeordnet.

C. Die D e c k e ü b e r d i e S c h i e b e r k a m m e r wurde als kreuzweise armierte Betonplatte ausgeführt.

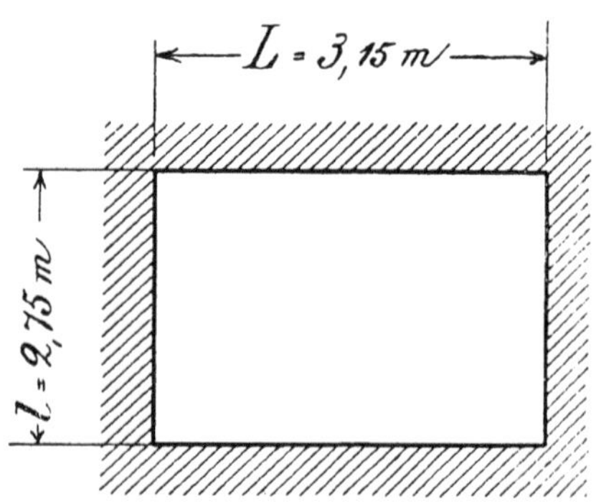

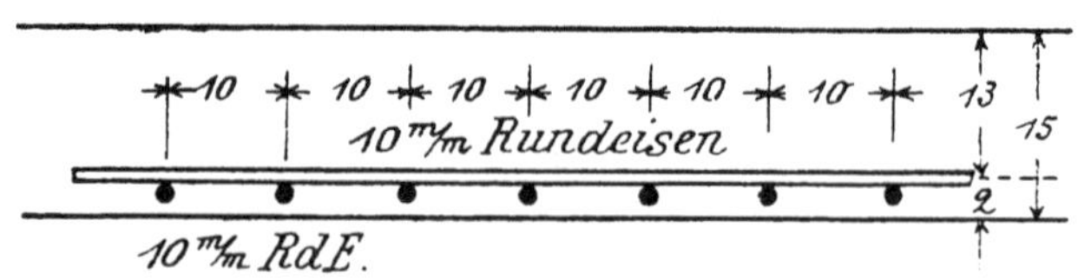

Die Entfernung der Rundeisen von 10 mm Durchmesser beträgt 10 cm von Mitte zu Mitte.

Eigengewicht der Betonplatte pro qm = ...	0,15 · 1,00 · 1,00 · 2400	=	360 kg
Nutzlast bei 1,00 m Überdeckung	1,00 · 1,00 · 1,00 · 1600	=	1600 „
	Gesamtbelastung pro qcm	=	1960 kg

oder rund $p = 0{,}196$ kg/qcm.

Fig. 13. Ortshochbehälter Bechtolsheim-Biebelnheim.
In gleicher Ausführung für Dexheim.

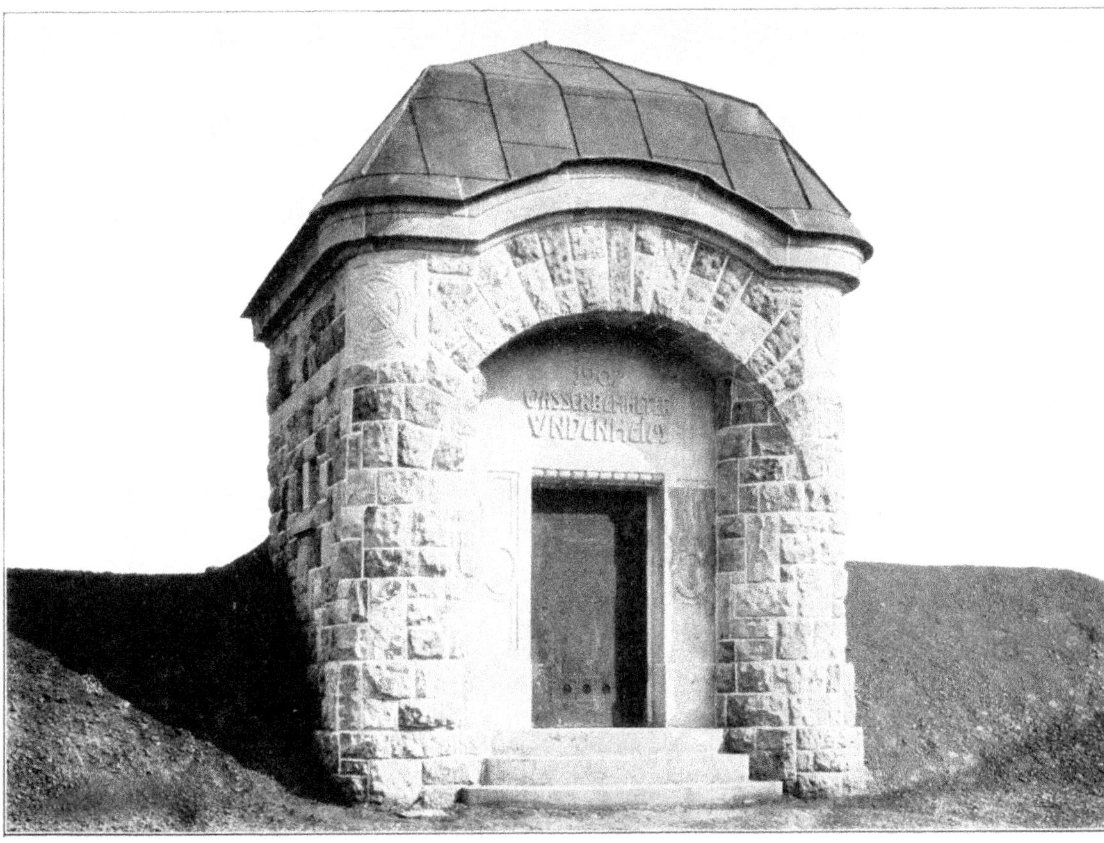

Fig. 14. Ortshochbehälter Undenheim.
In gleicher Ausführung für Wald-Uelversheim.

Berechnung der Biegungsmomente in der Plattenmitte:

$$M_L = \frac{p \cdot L^2}{8} \cdot \left(\frac{l^4}{L^4 + l^4}\right); \quad M_l = \frac{p \cdot l^2}{8} \cdot \left(\frac{L^4}{L^4 + l^4}\right);$$

$$\text{Für } \frac{L}{l} = \frac{3{,}15}{2{,}75} = 1{,}15 \text{ ist:}$$

$$\frac{l^4}{L^4 + l^4} = 0{,}367; \quad \frac{L^4}{L^4 + l^4} = 0{,}633$$

$$M_L = \frac{0{,}367 \cdot 0{,}196 \cdot 3{,}15^2}{8} \cdot \frac{4}{5} = 714 \text{ kgcm}$$

$$M_l = \frac{0{,}633 \cdot 0{,}196 \cdot 2{,}75^2}{8} \cdot \frac{4}{5} = 938 \text{ kgcm.}$$

Der Berechnung wurde das größere Moment zugrunde gelegt. Die Lage der Nullinie ergibt sich dann im Abstande

$$x = \frac{15 \cdot 0{,}785}{10} \cdot \left(\sqrt{1 + \frac{2 \cdot 10 \cdot 13}{15 \cdot 0{,}785}} - 1\right) = 4{,}47 \text{ cm}$$

von der Plattenoberkante.

Beanspruchung des Eisens:

$$\sigma_e = \frac{10 \cdot 938}{0{,}785 \left(13 - \frac{4{,}47}{3}\right)} = 1038 \text{ kg/qcm.}$$

Beanspruchung des Betons:

$$\sigma_b = \frac{938 \cdot 0{,}785 \cdot 2}{4{,}47 \cdot 10} = 32{,}9 \text{ kg/qcm.}$$

10. Falleitungen und Ortsleitungen.

Die sämtlichen Falleitungen von den Hauptbehältern nach den Ortsbehältern und von diesen nach den Orten bestehen aus Mannesmannstahlrohren. Diese Leitungen sind so bemessen, daß sie den einzelnen Orten, je nach ihrer Größe, 8 bis 16 l pro Sekunde zuzuleiten vermögen. Die Ortsleitungen bestehen, mit Ausnahme von der im Orte Biebelnheim, die versuchsweise ganz in Mannesmannrohren ausgeführt wurde, aus normalen gußeisernen Rohren. Nur die Anschlußleitungen von den Ortsrohrsträngen nach den zu versorgenden Grundstücken wurden überall aus Mannesmannrohren von in der Regel 25 mm Durchlaßweite hergestellt. Absperrschieber, Hydranten und Entleerungsvorrichtungen sind in allen Orten in zweckentsprechendem Umfange eingebaut worden. Die Abstände der Hydranten voneinander schwanken zwischen 60 und 80 m. Der Leitungsdruck beträgt in den einzelnen Orten 3 bis 5 Atm.

Jedes angeschlossene Grundstück erhält einen Wassermesser nach dem Naßläufersystem. Die Hälfte dieser Messer wurde von der Firma Andrae, Stuttgart, und je ein Viertel von den Firmen Bopp und Reuther, Mannheim, und Breslauer Metallgießerei geliefert.

Die Länge der Ortsleitungen, die Anzahl der Schieber, Hydranten und Anschlußleitungen ist aus der nachstehenden Zusammenstellung, die auch die Volks- und Viehzahlen, sowie die Zahl der Hofreiten nach den Zählungen vom Jahre 1905 enthält, ersichtlich.

Lfd. Nr.	Name der Gemeinde	Einwohner-zahl	Pferde	Rinder	Schweine	Ziegen und Schafe	Länge der Orts-leitungen m	Länge der Anschluß-leitungen m	Länge dieser Leitungen zusammen m	Schieber	Hydranten	Anzahl der Anschlußleitungen	Anzahl der Wohngebäude	Saug-Druck und Verteil-leitungen m
1	Alsheim mit						6 594,20	2 147,00	8 741,20	41	68	188	346	
	Hangen-Wahlheim	1 708	134	436	623	347	108,20	43,10	151,30	3	4	6	7	
2	Bechtolsheim . .	1 134	110	525	607	262	4 240,55	2 260,00	6 500,55	25	36	185	271	
3	Dalheim	741	64	435	364	194	2 607,80	1 975,20	4 583,00	16	25	143	204	
4	Dexheim	733	60	369	316	145	2 663,80	2 046,60	4 710,40	15	23	148	182	
5	Dienheim	1 169	39	240	285	309	3 773,15	1 454,55	5 227,70	27	30	138	213	
6	Dolgesheim . . .	726	76	440	415	171	3 858,75	1 495,65	5 354,40	14	23	96	128	
7	Dorn-Dürkheim .	912	103	359	342	150	3 470,10	1 685,70	5 155,80	20	31	137	196	
8	Eimsheim	571	67	291	261	158	2 306,00	1 307,00	3 613,00	14	18	103	132	
9	Framersheim . .	1 423	109	541	328	232	4 411,65	3 077,05	7 488,70	21	40	220	321	
10	Friesenheim . . .	580	27	214	270	175	2 581,05	1 434,85	4 015,90	18	17	107	142	
11	Gabsheim	634	59	414	336	145	2 340,10	937,45	3 277,55	16	21	62	155	
12	Gau-Köngernheim	257	27	111	89	79	2 553,60	325,65	2 879,25	11	14	30	55	
13	Gau-Odernheim .	1 765	166	598	517	340	6 377,70	1 879,05	8 256,75	49	61	220	379	
14	Guntersblum . . .	2 240	175	707	552	483	8 769,55	3 450,00	12 219,55	69	87	300	432	
15	Hahnheim m. Wahl-													
	heimer Hof . .	672	41	244	273	663	5 130,20	1 705,60	6 835,80	30	31	116	152	
16	Hillesheim . . .	626	60	284	254	167	2 118,50	974,10	3 092,60	15	22	77	161	
17	Köngernheim a/S.	517	24	282	287	85	2 724,75	765,95	3 490,70	16	21	66	123	
18	Ludwigshöhe . .	308	21	131	110	62	1 191,85	306,45	1 498,30	9	11	43	58	
19	Schornsheim . . .	1 109	100	595	625	165	3 177,85	2 320,30	5 498,15	31	33	176	271	
20	Undenheim . . .	1 300	112	617	763	285	5 655,75	2 321,65	7 977,40	34	49	182	304	
21	Wald-Ülversheim .	799	94	515	468	173	3 503,90	1 504,45	5 008,35	25	34	128	182	
22	Weinolsheim . . .	572	74	355	410	123	3 087,00	1 615,00	4 702,00	17	26	127	150	
23	Wintersheim . . .	311	56	219	169	118	1 172,90	714,45	1 887,35	8	13	63	69	
		20 807	1 798	8 922	8 664	5 031	84 418,90	37 746,80	122 165,70	544	738	3 061	4 633	54 982,77
24	Biebelnheim . . .	578	70	361	244	103	1 932,30	1 576,70	3 509,00	20	21	139	138	1 359,00*
25	Udenheim . . .	830	89	475	356	98	vorhanden	vorhanden	—	2	—	—	178	1 215,50*
26	Nierstein	4 262	166	296	861	193	„	„	—	—	—	—	810	1 650,00*
	Zusammen:	26 477	2 123	10054	10125	5 425	86 351,20	39 323,50	125 674,70	566	759	3 200	5 759	59 207,27

Orts- und Anschlußleitungen	125 674,70	m
Saug-Druck- und Verteilleitungen .	59 207,27	m
Zusammen:	184 881,97	m

* Als Großabnehmer angeschlossen.

Lfd. Nr.	Gegenstand der Veranschlagung	Anzahl	Preis-einheit		Geldbetrag im einzelnen		Geldbetrag im ganzen	
			ℳ	₰	ℳ	₰	ℳ	₰
	11. Voranschlag.							
	Die Baukosten des Wasserwerks waren wie folgt veranschlagt:							
	Titel I. Wasserfassung.							
1	**Anlage von 7 Filterbrunnen.** Ausschachten und Verschalen eines Bohrschachtes von ca. 3,00 m Weite bis zum Grundwasserspiegel, Abteufen des Brunnens mittels einer Röhrentour von $d = 1000$ mm auf etwa 18,00 m Tiefe. Liefern und Einsetzen eines Filters aus verzinktem 4 mm starkem Schmiedeisen von $d = 500$ mm mit ca. 16,00 m Gesamtlänge, teilweise mit Schlitzlochung versehen und teilweise vollwandig in die fertige Bohrung. Ausrüsten des Filters mit oberen und unteren Verstärkungsringen und einer Garnitur Zentrierungen, sodaß der Filter genau in die Mitte zu stehen kommt. Liefern und Einfüllen eines Kiesmantels, sauber gesiebt in zweckmäßiger Korngröße um die Filterrohre und Herausziehen der Bohrröhren, unter Stellung aller Gerätschaften, Gerüste, Werkzeuge des Belastungsmaterials, der Bohrröhren etc. Kosten des Brunnens einschl. Reinigen und Auspumpen fertig gestellt	7	1 500	00	10 500	00		
2	**Herstellen der Filterbrunneneinsteigschächte.** Lichtweite 1,20 m, Tiefe 2,80 m mit Radialsteinen von 0,25 m Länge in Zementmörtel 1 : 3 einschl. Verfugen und Stellung aller Materialien etc. a) **Betonboden.** 30 cm stark, Mischung 1 : 3 : 4, einschl. Stellung aller Materialien und ev. Wasserbewältigung. 0,68 cbm . . . . à M. 30 = M. 20,40 b) **Backsteinmauerwerk.** 2,77 cbm . . . . à M. 35 = M. 96,95 c) **Wasserdichter Zementverputz** des Bodens und der Außenflächen, der Wände 2 cm stark Mischung 1 : 2 nebst Glattstrich bei Stellung aller Materialien 14,20 qm . . . . à M. 2,50 = M. 35,50 d) Ein runder **Schachtdeckel** mit geschützt liegender Abdichtung und Sicherheitsverschluß, mit Ring zum Abheben versehen M. 65,00							
	zu übertragen: M. 217,85				10 500	00		

Lfd. Nr.	Gegenstand der Veranschlagung	Anzahl	Preis-einheit M	₰	Geldbetrag im einzelnen M	₰	Geldbetrag im ganzen M	₰
	Übertrag: M. 217,85				10 500	00		
	e) **Einsteigleiter** aus Schmiedeeisen, 2,30 m lang, 0,4 m breit, aus Flacheisen $^{60}/_{12}$ mm, die Sprossen aus Rundeisen 20 mm stark herzustellen und anzubringen, einschl. zweimaligem Ölfarbenanstrich auf Mennig-grundierung (Gewicht pro lfd. m rd. 13 kg) 2,30 lfd. m à M. 7,00 = M. 16,10							
	f) **Ein kleines Entlüftungsrohr** von 50 mm l. W. mit Krümmer, Kappe und zylindrischem verzinktem Schutzsieb nach Zeichnung . M. 10,00							
	g) **Planieren, Hinter- und Überfüllung** einschl. Ansäen . . . . M. 20,00							
	Sa. M. 263,95							
	8 solcher Brunnenschächte	8	263	95	2 111	60		
3	**Saugbrunnen.** 8,5 lfd. m, 3,00 m im Lichten weit mit 0,4 m starken Wandungen aus Ziegelmauerwerk und Zementmörtel 1 : 3 auszuführen und zu versenken, einschl. Einmauern der Röhren, Lieferung sämtlicher Materialien, der Eisenstäbe und eisernen Ringe, des Ausfugens im Innern (1 : 1) und des Zementverputzes der äußeren Brunnenflächen (1 : 3) einschl. Wasserhaltung, Stellung aller Geräte und aller Nebenarbeiten							
	a) 7,5 lfd. m . . . . . . à M. 400 = M. 3000,00							
	b) **Eiserner Brunnenrost,** nach Zeichnung zu liefern, zu versenken und mit Beton auszufüllen, einschl. zweimaligem Ölfarbenanstrich auf Mennig-grundierung . . . . M. 800,00							
	c) **Herstellen der Brunnensohle** (möglichst wasserdicht), des **Podestes** und der **Brunnenabdeckung** aus Beton (1 : 3 : 4) einschl. Lieferung sämtlicher Materialien und der erforderlichen eisernen **U- & T**-Träger, alles nach Zeichnung M. 400,00							
	d) Ein Schachtdeckel wie Pos. 2^d, jedoch 0,80 m weit . . . . M. 100,00							
	e) **Zwei Einsteigleitern** aus Schmiedeeisen wie Pos. 2e, zus. 4,5 & 3,00 = 7,5 lfd. m à M. 7,00 = M. 52,50							
	f) Ein gußeisernes **Ventilationsrohr** von d = 150 mm, l = 1,50 m . . . . . . M. 50,00							
	g) **Planieren,** Hinter- und Überfüllung, einschl. Ansäen . . . . M. 25,00							
	Zu übertragen: M. 4427,50				12 611	60		

Fig. 15. Ortshochbehälter Köngernheim a. d. S.

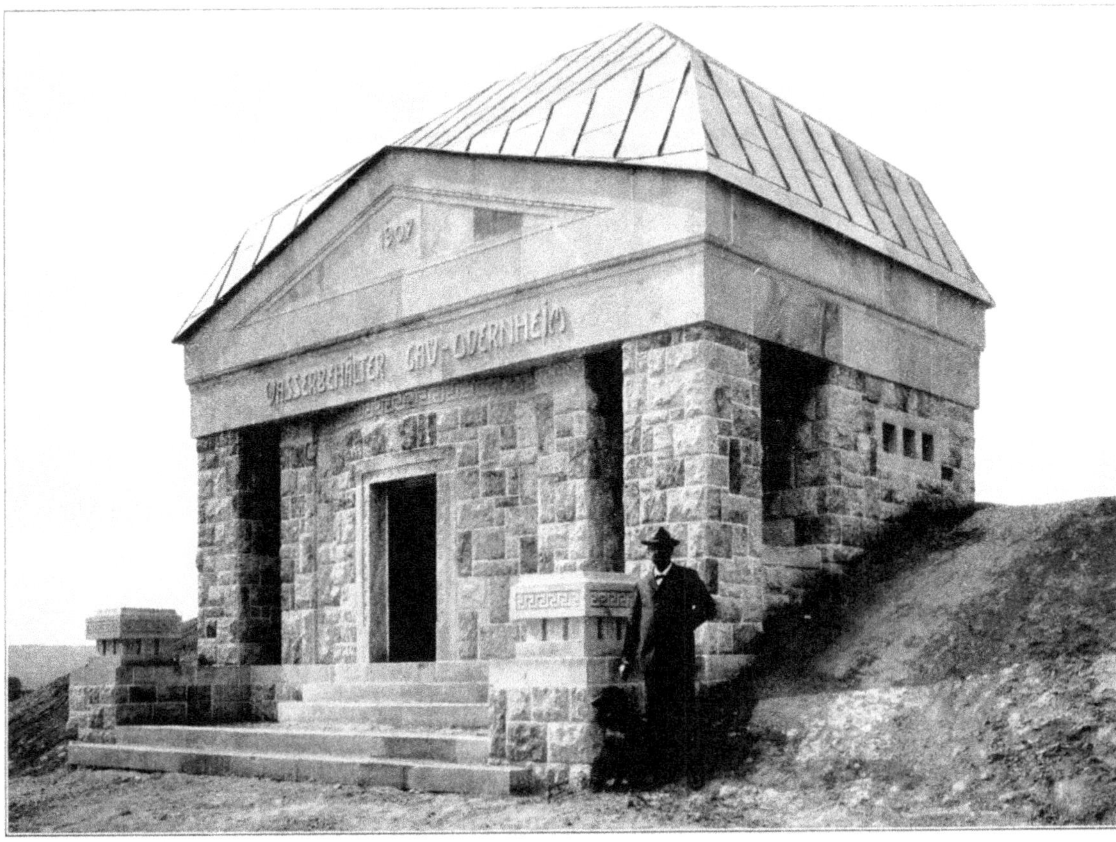

Fig. 16. Ortshochbehälter Gau-Odernheim — Gau-Köngernheim.

Lfd. Nr.	Gegenstand der Veranschlagung	Anzahl	Preiseinheit M	Preiseinheit Pf	Geldbetrag im einzelnen M	Geldbetrag im einzelnen Pf	Geldbetrag im ganzen M	Geldbetrag im ganzen Pf
	Übertrag: M. 4427,50				12 611	60		
	h) Lieferung von 3 **Schlüsseln** zu den Schachtdeckeln à M. 3 . . . . . . „ 9,00							
	Sa. M. 4436,50							
	Sa. Titel I. Wasserfassung				4 436	50		
							17 048	10
	Titel II. Pumpwerksgebäude.							
4	Bau eines **Pumpenhauses,** bestehend aus dem Maschinenraum, den Räumen für die Sauggasanlage, dem Kohlenraum, der Werkstätte, einschl. allen Fundamenten für die Maschinen, Pumpen etc. desgl. eines Wohngebäudes für den Maschinisten und dessen Gehilfen, mit Kellern und den Nebengebäuden etc.				80 000	00		
	Sa. Titel II. Pumpwerksgebäude						80 000	00
	Titel III. Maschinen-, Pumpwerks- und Enteisenungsanlagen.							
	(Die Enteisenungsanlage soll nur im Bedarfsfall ausgeführt werden.)							
5	Lieferung und betriebsfähige Aufstellung dreier **Sauggasmotoren** von je 90 PS samt Zubehör. desgl. von 3 Generatorgasanlagen jede genügend zur Erzeugung von Gas für 90 PS samt Zubehör. desgl. von 3 **Pumpen** von je 25 Sekundenliter Leistung und von 3 angekoppelten entsprechenden Pumpen für die Enteisenungsanlage samt Zubehör . . .				130 000	00		
6	Lieferung und betriebsfähige Aufstellung einer **Enteisenungsanlage** mit einer dem Pumpwerk entsprechenden Leistungsfähigkeit samt erforderlichem Anbau und Reinwasserbehältern				35 000	00		
	Sa. Titel III. Maschinen-, Pumpwerks- und Enteisenungsanlagen						165 000	00
	Titel IV. Hochbehälter.							
7	Herstellung der **Hochbehälter aus Stampfbeton** mit Vorkammer zur Aufnahme der Schieber- und sonstigen Armaturen, die Fassaden aus Flonheimer Sand- und profilierten Hausteinen einschließlich der Türen, Dunst- und Fahnenstangenröhren, der Umzäunung usw., aber ausschließlich der hydraulischen Einrichtung, und zwar:	Nutzraum cbm						
	Haupthochbehälter I oberhalb von Hangen-Wahlheim von	250						
	Haupthochbehälter II oberhalb von Wintersheim ·	1 000						
	Zu übertragen:	1 250					262 048	10

Lfd. Nr.	Gegenstand der Veranschlagung	Anzahl	Preiseinheit M	Preiseinheit Pf	Geldbetrag im einzelnen M	Geldbetrag im einzelnen Pf	Geldbetrag im ganzen M	Geldbetrag im ganzen Pf
		Nutzraum cbm						
	Übertrag:	1 250					262 048	10
	Ortshochbehälter Guntersblum	255						
	" Ludwigshöhe	85						
	" Dienheim	150						
	" Alsheim	205						
	" gemeinschaftlich für Eimsheim und Dolgesheim	250						
	" Wald-Ülversheim	145						
	" Dahlheim	130						
	" Dexheim	130						
	" Weinolsheim	120						
	" Friesenheim	110						
	" Köngernheim a. d. Selz	110						
	" Dorn-Dürkheim	150						
	" Hillesheim	115						
	" Framersheim	195						
	" gemeinschaftlich für Gau Odernheim und Gau-Kögernheim	450						
	" desgl. gemeinschaftlich für Biebelnheim und Bechtolsheim, 295 cbm, Anteil Bechtolsheim	175						
	" Gabsheim	130						
	" Schornsheim	175						
	" Undenheim	195						
	" Hahnheim	120						
	Der Nutzraum zu durchschnittlich 45 M. pro cbm	4 645	45	00	209 025	00		
	Sa. Titel IV. Hochbehälter:						209 025	00
	Titel V. Erd- und Eisenarbeiten.							
	A. Hauptrohrnetz.							
	a) Rohrgräben.							
	Der **Saugleitungen** . . . lfd. m 1 230							
	Druckleitungen . . . " 7 125							
	Verteilleitungen von den Haupthochbehältern nach den Ortshochbehältern " 51 005							
	Sa. lfd. m 59 360							
8	**Rohrgrabenaushub** in allen vorkommenden Bodenarten bis 1,80 m Tiefe, Aushub bzw. Aufbruch und seitliche Ablagerung der Deckschichte, wie Rasen, Humus, Chaussierung, Pflaster etc., Herstellung der Muffenlöcher, Wiedereinfüllen und Feststampfen des Bodens nach erfolgter Rohrverlegung, Wiederaufbringen von Rasen und Humus, Wiederherstellen von nicht gepflasterten, chaussierten oder mit befestigter Oberfläche versehenen Straßen in							
	Zu übertragen:						471 073	10

Lfd. Nr.	Gegenstand der Veranschlagung	Anzahl	Preiseinheit ℳ	Preiseinheit ₰	Geldbetrag im einzelnen ℳ	Geldbetrag im einzelnen ₰	Geldbetrag im ganzen ℳ	Geldbetrag im ganzen ₰
	Übertrag:						471 073	10
	den früheren Zustand, Abfuhr des übrigbleibenden Aushubmaterials, Reinigen der Grabenstrecken, alles einschließlich Stellung sämtlicher Geräte und Werkzeuge, Verschalungen und Sprießhölzer . .	lfd. m 59 360	—	80	47 488	00		
9	**Zuschlag für Verbreiterung und Vertiefung des Leitungsgrabens** bei Doppelleitungen. Außerhalb der Ortschaften bzw. deren Ortsbauplangrenze sind die Röhren einer Doppelleitung gleich hoch zu legen, in den Orten die Ortsleitung jeweils 30 cm höher wie die Druck- oder Fallleitung. Anmerkung: Die vorkommenden Bodenarten lassen die Anordnung eines Absatzes, ohne daß Nachrutschungen zu befürchten wären, zu.	2 495	—	50	1 247	50		
10	**Rohrgrabenaushub,** wie Pos. 8 für die **Über-Leerlauf- und Entwässerungsleitungen,** ebenfalls bis zu 1,80 m tief, zus.	lfd. m 4 000	—	80	3 200	00		
11	Zuschlag für **Mehrtiefen** über 1,80 m . . . . Anmerkung: Für die Berechnung der Massen in den Mehrtiefen wird die Grabenbreite bei einfacher Leitung zu 0,65 m und bei Doppelleitung zu 0,90 m angenommen.	cbm 1 800	1	00	1 800	00		
12	**Zuschlag** für das **Lösen** und **Sprengen** von **Felsen** und Mauerwerk	cbm 200	3	00	600	00		
13	**Wiederherstellen der chaussierten Straßen** in den früheren Zustand und Einsetzen einer 20 cm starken Gestückslage sowie Decken des Gestücks mit Kleinschlag	lfd. m 800	—	20	160	00		
14	desgl. **Zuschlag für die Doppelleitungen**	lfd. m 300	—	10	30	00		
15	Wiederherstellen der durchbrochenen, nicht chaussierten und nicht gepflasterten, **aber mit sonstwie befestigter Oberfläche** versehenen Nebenstraßen . .	lfd. m 600	—	15	90	00		
16	desgl. **Zuschlag für die Doppelleitungen**	lfd. m 400	—	10	40	00		
17	**Wiederherstellen des durchbrochenen Pflasters in provisorischer Weise** mit dem vorhandenen Material. (Die Steine sind auf der Sandbettung von Hand reihenweise in der Mitte erhöht einzusetzen und mit dem Hammer anzutreiben.)	lfd. m 40	—	30	12	00		
18	desgl. **Zuschlag für die Doppelleitungen**	lfd. m 20	—	15	3	00		
19	**Definitive Wiederherstellung des Pflasters einschließlich Lieferung** des Sandes und des etwa fehlenden Steinmaterials	lfd. m 40	—	80	32	00		
20	desgl. **Zuschlag für die Doppelleitungen**	lfd. m 20	—	40	8	00		
	Zu übertragen:				54 710	50	471 073	10

Lfd. Nr.	Gegenstand der Veranschlagung	Anzahl	Preiseinheit ℳ	Preiseinheit ₰	Geldbetrag im einzelnen ℳ	Geldbetrag im einzelnen ₰	Geldbetrag im ganzen ℳ	Geldbetrag im ganzen ₰
	Übertrag:				54 710	50	471 073	10
	b) Rohrleitung und Zubehör.							
21	**Liefern und Verlegen von gußeisernen Normalmuffenröhren**, wie Pos. 22 für die Saugleitungen und Verteilleitungen nach den Ortshochbehältern, und zwar:	lfd. m.						
	von d = 325 mm . . . . rd.	170	16	50	2 805	00		
	„ d = 250 „ . . . . „	80	11	00	880	00		
	„ d = 225 „ . . . . „	6 725	9	70	65 232	50		
	„ d = 200 „ . . . . „	2 200	8	50	18 700	00		
	„ d = 175 „ . . . . „	6 005	7	20	43 236	00		
	„ d = 150 „ . . . . „	5 745	6	00	34 470	00		
	„ d = 125 „ . . . . „	4 600	4	90	22 540	00		
	„ d = 100 „ . . . . „	8 410	3	80	31 958	00		
	„ d = 90 „ . . . . „	6 575	3	60	23 670	00		
	„ d = 80 „ . . . . „	11 960	3	30	39 468	00		
	„ d = 60 „ . . . . „	2 185	2	70	5 899	50		
	„ d = 50 „ . . . . „	75	2	50	187	50		
22	**Liefern und Verlegen von gußeisernen Muffenröhren** zur Hälfte mit um 1 mm verstärkten Wandungen samt Beigabe aller Dichtungsmaterialien und Formstücke, wie A, B, C, E, F, T, U und R-Stücke, Krümmer Blindflanschen usw.	lfd. m						
	von d = 300 mm l. W.	7 125	15	00	106 875	00		
23	**Zuschlag für Flanschenabgänge** (A-Stücke) für Zweigleitungen, Entleerungsleitungen und Entlüftungen							
	von d = 300/125 mm	3	32	00	96	00		
	„ d = 300/80 „	1	30	00	30	00		
	„ d = 225/125 „	4	22	00	88	00		
	„ d = 225/100 „	1	21	00	21	00		
	„ d = 225/90 „	1	20	00	20	00		
	„ d = 225/80 „	7	20	00	140	00		
	„ d = 200/100 „	1	18	00	18	00		
	„ d = 200/80 „	1	17	50	17	50		
	„ d = 175/100 „	3	16	00	48	00		
	„ d = 175/80 „	3	15	50	46	50		
	„ d = 150/100 „	1	13	50	13	50		
	„ d = 150/80 „	11	13	00	143	00		
	„ d = 150/40 „	1	12	50	12	50		
	„ d = 125/90 „	1	11	00	11	00		
	„ d = 125/80 „	3	10	50	31	50		
	„ d = 100/80 „	2	8	00	16	00		
	„ d = 90/80 „	7	7	00	49	00		
	„ d = 90/50 „	1	6	00	6	00		
	„ d = 80/80 „	8	6	00	48	00		
	„ d = 80/60 „	2	6	00	12	00		
24	**Doppeltschließende Normalabsperrschieber** mit vollständiger Einbaugarnitur, Dichtungsringe in Keil und Gehäuse, Stopfbüchsfutter und Mutter, Spindel-							
	Zu übertragen:				451 500	00	471 073	10

Fig. 17. Ortshochbehälter Schornsheim.
In gleicher Ausführung für Ludwigshöhe.

Fig. 18. Ortshochbehälter Eimsheim-Dolgesheim.

Lfd. Nr.	Gegenstand der Veranschlagung	Anzahl	Preiseinheit ℳ	Preiseinheit ₰	Geldbetrag im einzelnen ℳ	Geldbetrag im einzelnen ₰	Geldbetrag im ganzen ℳ	Geldbetrag im ganzen ₰
	Übertrag:				451 500	50	471 073	10
	und Spindelmutter in Rotguß, Straßenkappe mindestens 300 mm hoch mit viereckiger oberer Begrenzung und befestigtem, drehbarem Deckel versehen, mit Unterlagen aus imprägniertem Eichenholz.							
	Bemerkung: Die Einbaugarnituren sind ohne besondere Vergütung den jeweiligen Grabentiefen anzupassen.	Stück						
	von $d = 225$ mm	1	100	00	100	00		
	„ $d = 200$ „	2	85	00	170	00		
	„ $d = 175$ „	2	70	00	140	00		
	„ $d = 150$ „	1	60	00	60	00		
	„ $d = 125$ „	9	50	00	450	00		
	„ $d = 100$ „	10	40	00	400	00		
	„ $d = 90$ „	3	35	00	105	00		
	„ $d = 80$ „	27	33	00	891	00		
	„ $d = 60$ „	3	28	00	84	00		
	„ $d = 50$ „	1	26	00	26	00		
25	**Liefern und Einbauen von Flanschenschiebern** wie Pos. 24, jedoch mit Handrad und horizontalem Räderzeigerwerk von	Stück						
	300 mm l. W.	2	200	00	400	00		
	175 „ „ „	2	80	00	160	00		
26	**Liefern und Einbauen von Rückschlagklappen** mit Hebelarm in die Druckleitung für 300 mm Durchgang	2	170	00	340	00		
27	**Ventilluftschrauben** auf einen 80 mm Flanschendeckel montiert, mit vollständiger Einbaugarnitur zu liefern und einzubauen	Stück 20	20	00	400	00		
	Bemerkung: Die Einbaugarnituren sind ohne besondere Vergütung den jeweiligen Grabentiefen anzupassen.							
28	**Teilkugeln** wie Pos. 50b	2	25	00	50	00		
29	**Glasierte Steinzeugröhren** I. Wahl für die Über- und Leerlaufleitungen der Behälter und der Abwasserleitung des Pumpenhauses zu liefern, zu verlegen und mit Hanfstrick und Asphaltkitt zu verdichten	lfd. m						
	von $d = 125$ mm l. W.	1 270	2	00	2 540	00		
	„ $d = 150$ „ „ „	1 980	2	30	4 554	00		
	„ $d = 200$ „ „ „	750	3	20	2 400	00		
	Sa. Titel V. Erd- und Eisenarbeiten. A. Hauptrohrnetz						464 769	50
	Zu übertragen:						935 842	60

Lfd. Nr.	Gegenstand der Veranschlagung	Anzahl	Preiseinheit ℳ	Preiseinheit ₰	Geldbetrag im einzelnen ℳ	Geldbetrag im einzelnen ₰	Geldbetrag im ganzen ℳ	Geldbetrag im ganzen ₰
	B. Ortsrohrnetz. Übertrag:						935 842	60
	a) Rohrgräben.							
30	**Rohrgrabenaushub** wie Pos. 8 für einfache Leitungen .	lfd. m 97 163	0	80	77 730	40		
31	Zuschlag wie Pos. 9 für Doppelleitungen	15 157	0	50	7 578	50		
32	**Zuschlag** für **Verbreiterung** und **Vertiefung** des **Grabens** bei dreifachen Leitungen in Guntersblum. (Die fragl. Strecke ist bereits als Doppelleitungsgraben unter Pos. 9 verrechnet)	200	0	50	100	00		
33	**Zuschlag für Mehrtiefen** . . . . Anmerkung: Für Berechnung der Massen in den Mehrtiefen wird die Grabenbreite bei dreifacher Leitung zu 1,40 m angenommen, im übrigen wie Pos. 11.	cbm 4 000	1	00	4 000	00		
34	**Zuschlag** für **Felsen** und **Mauerwerk** wie Pos. 12 . . .	800	3	00	2 400	00		
35	**Wiederherstellen der chaussierten Strafse** wie Pos. 13 .	lfd. m 63 857	0	20	12 771	40		
36	desgl. Zuschlag für **Doppelleitung** wie Pos. 14 . . .	5 395	0	10	539	50		
37	desgl. Zuschlag für **dreifache Leitung**	200	0	10	20	00		
38	**Wiederherstellen der Strafsen** wie Pos. 15	2 000	0	15	300	00		
39	desgl. Zuschlag für **Doppelleitung** wie Pos. 16 . . .	200	0	10	20	00		
40	**Wiederherstellen des durchbrochenen Pflasters** in provisorischer Weise wie Pos. 17	12 105	0	30	3 631	50		
41	desgl. Zuschlag für **Doppelleitung** wie Pos. 18 . . .	571	0	15	79	65		
42	desgl. Zuschlag für **dreifache Leitungen**	5	0	15	0	75		
43	**Definitive Wiederherstellung des Pflasters** wie Pos. 19 .	12 105	0	80	9 684	00		
44	desgl. Zuschlag für **Doppelleitungen** wie Pos. 20 . .	571	0	40	228	40		
45	desgl. Zuschlag für **dreifache Leitungen**	5	0	40	2	00		
	b) Rohrleitung und Zubehör.							
46	**Liefern** und **Verlegen** von **gufseisernen Normalmuffenröhren** wie Pos. 22							
	von $d = 175$ mm	2 280	7	20	16 416	00		
	„ $d = 150$ „	7 193	6	00	43 158	00		
	„ $d = 125$ „	19 134	4	90	93 756	60		
	„ $d = 100$ „	21 175	3	80	80 465	00		
	„ $d = 80$ „	31 376	3	30	103 540	80		
	„ $d = 60$ „	1 031	2	70	2 783	70		
	„ $d = 50$ „	50	2	50	125	00		
	„ $d = 40$ „	30 000	2	30	69 000	00		
	Zu übertragen:				527 831	20	935 842	60

Lfd. Nr.	Gegenstand der Veranschlagung	Anzahl	Preiseinheit ℳ	Preiseinheit ₰	Geldbetrag im einzelnen ℳ	Geldbetrag im einzelnen ₰	Geldbetrag im ganzen ℳ	Geldbetrag im ganzen ₰
	Übertrag:				527 831	20	935 842	60
47	**Zuschlag für Flanschenabgänge** (A-Stücke) für Seitenstraßen, Hydranten und Entleerungsleitungen	Stück						
	von $d = 175/125$	1	17	00	17	00		
	„ $d = 175/100$	1	16	00	16	00		
	„ $d = 175/80$	5	15	50	77	50		
	„ $d = 150/125$	1	14	00	14	00		
	„ $d = 150/100$	3	13	50	40	50		
	„ $d = 150/80$	24	13	00	312	00		
	„ $d = 125/100$	6	11	00	66	00		
	„ $d = 125/80$	88	10	50	924	00		
	„ $d = 125/60$	2	10	00	20	00		
	„ $d = 125/50$	1	10	00	10	00		
	„ $d = 100/100$	3	8	50	25	50		
	„ $d = 100/80$	183	8	00	1 464	00		
	„ $d = 80/80$	329	6	00	1 974	00		
	„ $d = 80/60$	6	6	00	36	00		
	„ $d = 80/50$	1	6	00	6	00		
	Doppel-A-Stück von $d = 125/80$ mm	1	13	00	13	00		
	„ „ „ $d = 100/80$ „	1	10	00	10	00		
	„ „ „ $d = 80/80$ „	3	9	00	27	00		
48	**Zuschlag für A- oder A. U-Stücke** zu den Hausanschlüssen							
	von $d = 175/40$	45	9	70	436	50		
	„ $d = 150/40$	150	8	60	1 290	00		
	„ $d = 125/40$	650	7	20	4 680	00		
	„ $d = 100/40$	1 310	5	40	7 074	00		
	„ $d = 80/40$	2 040	4	30	8 772	00		
	„ $d = 60/40$	70	3	60	252	00		
	„ $d = 50/40$	5	3	20	16	00		
	„ $d = 40/40$	10	3	00	30	00		
49	**Doppeltschließende Normalabsperrschieber** wie Pos. 24							
	von $d = 175$ mm	3	70		210	00		
	„ $d = 150$ „	14	60		840	00		
	„ $d = 125$ „	55	50		2 750	00		
	„ $d = 100$ „	148	40		5 920	00		
	„ $d = 80$ „	304	33		10 032	00		
	„ $d = 60$ „	13	28		364	00		
	„ $d = 40$ „	20	20		400	00		
50	**Teilkugeln** oben mit 80 mm Hydrantenabgang und 2—4 Muffen- oder Flanschenabgängen							
	a) mit 240 mm Kugeldurchmesser (bei Rohrleitung von 80 bis einschl. 100 mm Durchmesser) .	163	16		2 608	00		
	b) mit 350 mm Kugeldurchmesser (bei Rohrleitung von 125 bis einschl. 175 mm Durchmesser) .	94	25		2 350	00		
	Zu übertragen:				581 408	20	935 842	60

Lfd. Nr.	Gegenstand der Veranschlagung	Anzahl	Preiseinheit ℳ	₰	Geldbetrag im einzelnen ℳ	₰	Geldbetrag im ganzen ℳ	₰
	Übertrag:				581 408	20	935 842	60
51	**Normalunterflurhydranten** von 80 mm Ein- und Ausgangsweite und 65 mm Ventilweite für 1,40 bis 1,80 m Rohrdeckung mit Bajonettklaue, selbsttätiger Entwässerung, Straßenkappen oben viereckig, mit befestigtem, drehbarem, ovalem Deckel mindestens 300 mm hoch und Unterlage aus imprägniertem Eichenholz, Herstellung der Steinsickerung aus vorhandenen Steinen, Liefern und Einbauen . .	Stück 723	40	00	28 920	00		
52	**Schieber und Hydrantenschlüssel** mit Haken zum Öffnen der Straßenkappen	75	5	00	375	00		
53	**Schieber-Hydranten- und Entlüftungsschilder** aus Zinkguß mit erhabener aufgegossener Schrift und Ölfarbenanstrich aus bester wetterfester Farbe zu liefern und anzubringen, für Hydranten mit rotem, für Schieber- und Entlüftungen mit blauem Grund, Schilder für die Druck- und Verteilleitung mit grünem Grund, Zeichen, Zahlen und Ränder weiß nach Normalmuster	1 339	2	50	3 347	50		
54	**Markierungssäulen** für obige Bezeichnungstafeln aus U-Eisen 45/80 mm stark, mit Eisenplatte 2,60 m lang, davon 2,20 über Terrain, einschl. Stein- oder Betonsockel 50/50/50 cm und zweimaligem Ölfarbenanstrich auf Menniggrundierung zu liefern und fertig aufzustellen	200	13	00	2 600	00		
55	**Zweiarmige Standrohre** von 70 mm Lichtweite auf 80 mm Hydranten mit Bajonettverschluß passend, aus Kupfer, der obere Teil aus Aluminium mit zwei je für sich drehbaren Ventilauslässen und Normalverschraubungen zu liefern	23	120	00	2 760	00		
56	**Einarmige Standrohre** wie Pos. 55, jedoch ganz aus Kupfer und Messing	23	50	00	1 150	00		
57	Liefern und Verlegen der **eisernen Überröhren** für die Bachunterführungen und Verdichten derselben bei Stellung aller Materialien	lfd. m						
	von $d = 450$ mm	16	24	00	384	00		
	„ $d = 375$ „	16	20	00	320	00		
	„ $d = 325$ „	24	16	00	384	00		
	„ $d = 300$ „	28	14	00	392	00		
	„ $d = 250$ „	40	11	00	440	00		
	„ $d = 225$ „	164	10	00	1 640	00		
	„ $d = 200$ „	42	8	50	357	00		
58	**Liefern und Einbauen** von kombinierten **Wassermessern** in die Falleitung von	Stück						
	Wintersheim von $d =$ 80/25	1	220	00	220	00		
	Eimsheim „ $d =$ 100/25	1	250	00	250	00		
	Zu übertragen:				624 947	70	935 842	60

Fig. 19. Ortshochbehälter Gabsheim.
In gleicher Ausführung für Dalheim.

Fig. 20. Ortshochbehälter Framersheim.

Lfd. Nr.	Gegenstand der Veranschlagung	Anzahl	Preis-einheit ℳ	₰	Geldbetrag im einzelnen ℳ	₰	Geldbetrag im ganzen ℳ	₰
	Übertrag:	Stück			624 947	70	935 842	60
	Dolgesheim „ $d = 100/25$	1	250	00	250	00		
	Gau-Odernheim „ $d = 150/30$	1	420	00	420	00		
	Gau-Köngernheim „ $d = 80/25$	1	220	00	220	00		
	Bechtolsheim „ $d = 100/25$ . . . . . . samt Fassonstücken.	1	250	00	250	00		
59	**Gemauerte Entleerungsausläufe** aus Bruchsteinen mit Zementmörtel und Schutzgitter herzustellen . . .	80	16	00	1 280	00		
60	**Herstellung der Schächte** für die **Rückschlagklappen, Wassermesser und Schieber,** die Sohle aus Beton 1 : 3 : 6, die Wände aus hartgebrannten Backsteinen (Klinkern) mit Zementmörtel 1 : 3, Zementieren der Sohle und Ausfugen der Wände, einschl. der T-Träger, der gußeisernen Steigeisen und der verschließbaren Schachtdeckel und aller Materialien	8	200	00	1 600	00		
61	**Umpflastern der Schieber-** und **Hydrantenstrafsenkappen** einschl. Lieferung sämtlicher Materialien	qm 1 200	8	00	9 600	00		
	Sa. Titel V. Erd- und Eisenarbeiten: B. Ortsrohrnetz						638 567	70
	Titel VI. Ausrüstung der Brunnnen und Hochbehälter.							
	a) Filterbrunnen.							
62	Für jeden Brunnen 12 lfd. m **gußeiserne Flanschenröhren** von $d = 125$ mm zu liefern und einzubauen nebst Lieferung der Dichtungen etc. 8 × 12 lfd. m	lfd. m 96	6	60	633	60		
63	**Flanschenkrümmer,** 90° von $d = 125$ mm zu liefern und einzubauen	Stück 8	7	00	56	00		
64	Liefern und Einbauen von **Flanschenschiebern** von $d = 125$ mm mit Handrad und horizontalem Räderzeigerwerk, sonst wie Pos. 24	8	55	00	440	00		
65	Liefern und Montieren von **Fußventilen mit Saugkorb** von 125 mm Durchgangsweite mit gußeisernem Oberteil, Metallkegel und verzinntem Kupferseiher	8	54	00	432	00		
	b) Saugbrunnen.							
66	**Liefern** und **Einbauen** von **Mannesmannflanschenröhren** von $d = 325$ mm l. W.	lfd. m 7,60	20	00	152	00		
67	**Liefern** und **Einbauen** von **Flanschenschiebern** von 325 mm l. W. mit Handrad, Räderzeigerwerk und Antriebvorrichtung	Stück 2	275	00	550	00		
68	**Ein desgl.** ohne Antriebvorrichtung	1	210	00	210	00		
	Zu übertragen:				2 473	60	1 574 410	30

Lfd. Nr.	Gegenstand der Veranschlagung	Anzahl	Preis-einheit ℳ	₰	Geldbetrag im einzelnen ℳ	₰	im ganzen ℳ	₰
	Übertrag:				2 473	60	1 574 410	30
69	Liefern und Einbauen eines **T-Stückes**	Stück						
	von d = 325/325/325 mm	1	45	00	45	00		
	desgl. eines Doppel-T-Stückes							
	von d = 325/325/325/325 mm	1	60	00	60	00		
	Bemerkung I: Fußventil und Windkessel werden von der Pumpenfirma geliefert.							
	(Alle vorstehend veranschlagten Brunnenausrüstungsgegenstände, die pro Stück vergütet werden, werden in der Nutzlänge der Rohrleitung nicht mehr mitgemessen.)							
	c) Hochbehälter.							
70	Kupferne verzinnte **Einlaufseiher** mit Anschlußflansch zu liefern und einzubauen							
	von d = 225 mm	2	42	00	84	00		
	„ d = 200 „	3	37	00	111	00		
	„ d = 175 „	4	32	00	128	00		
	„ d = 150 „	14	28	00	392	00		
	„ d = 125 „	20	21	00	420	00		
	„ d = 100 „	2	18	00	36	00		
71	**Absperrschieber** mit Handrad, sonst wie Pos. 24							
	von d = 300 mm	2	180	00	360	00		
	„ d = 225 „	3	110	00	330	00		
	„ d = 200 „	3	90	00	270	00		
	„ d = 175 „	6	75	00	450	00		
	„ d = 150 „	14	60	00	840	00		
	„ d = 125 „	24	50	00	1 200	00		
	„ d = 100 „	47	35	00	1 645	00		
	„ d = 80 „	10	27	00	270	00		
	„ d = 60 „	10	21	00	210	00		
	„ d = 50 „	1	18	00	18	00		
	„ d = 40 „	4	16	00	64	00		
72	**Selbsttätige Schwimmerauslaufventile** zu liefern und einzubauen							
	von d = 100 mm	1	120	00	120	00		
	„ d = 80 „	10	80	00	800	00		
	„ d = 60 „	10	60	00	600	00		
	„ d = 50 „	1	50	00	50	00		
73	**Einfache Wassermesser** (Naßläufer) zu liefern und einzubauen							
	von d = 40 mm mit Anschlußflansch d = 50 mm	1	65	00	65	00		
	„ d = 40 „ „ „ d = 60 „	10	65	00	650	00		
	„ d = 50 „ „ „ d = 80 „	6	90	00	540	00		
74	**Teilkugeln von 3—5 Abgängen,** sonst wie Pos. 50a.	1	16	00	16	00		
	desgl. wie Pos. 50b.	17	25	00	425	00		
	desgl., jedoch mit einem Kugeldurchmesser von 450 mm für 200—300 mm Rohrweite	5	40	00	200	00		
	Zu übertragen:				12 872	60	1 574 410	30

Lfd. Nr.	Gegenstand der Veranschlagung	Anzahl	Preiseinheit ℳ	Preiseinheit ₰	Geldbetrag im einzelnen ℳ	Geldbetrag im einzelnen ₰	Geldbetrag im ganzen ℳ	Geldbetrag im ganzen ₰
	Übertrag:				12 872	60	1 574 410	30
75	**Bearbeitete Fassonstücke**, wie Flanschenrohre, Krümmer, Kreuzstücke, Teestücke, Überlaufmundstücke, Fußkrümmer usw. . . . . rd.	kg 18 000	—	30	5 400	00		
76	**Normalwandige gußeiserne Pegelrohre** für die elektrischen Wasserstandsanzeiger von 400 mm l. W. und 4,00 m Länge mit Boden und mit 2 Stück 40 mm Flanschenabgängen sowie 1 Gewindezapfen von 20 mm samt Entleerungshahn zu liefern und einzubauen	Stück 2	220	00	440	00		
77	**Galvanisierte Schmiedeeisenrohre** von 25 mm Lichtweite einschließlich 22 Stück Entlüftungshahnen aus Rotguß zu liefern und einzubauen				250	00		
	Sa. Titel VI. Ausrüstung der Brunnen und Hochbehälter						18 962	60
	Titel VII. Anschlufsleitungen.							
78	**Lieferung** und **Einbauen** der **kleinen Wassermesser**, der kleinen **Entleerungshähne** der **Ventildurchgangshähne** sowie der erforderlichen **galvanisierten Schmiedeeisenröhren**, der langen gußeisernen **E-Stücke**, **Mauerbruch**, der Anschlußleitungen. Es werden rd. 80/100 sämtlicher Wohnhäuser angenommen. Durchschnittlich pro Anschluß 35 M.	Anschlüsse 3 500	35	00	122 500			
	Sa. Titel VII. Anschlußleitungen:						122 500	00
	Titel VIII. Werkzeuge und Vorratsteile.							
79	Hierfür werden vorgesehen				6 000	00		
	Sa. Titel VIII. Werkzeuge und Vorratsteile:						6 000	00
	Titel IX. Wasserstandsfernmelder und Telephonanlage usw.							
80	**Elektrischer Wasserstandsanzeiger** mit Zubehör und den Freileitungen, und zwar werden verbunden das Pumpwerksgebäude und die Bürgermeisterei Guntersblum mit den Haupthochbehältern I und II. Hierfür werden vorgesehen				7 000	00		
81	**Privattelephonanlage** zwischen Pumpwerk der Bürgermeisterei Guntersblum und den Haupthochbehältern I und II				1 000	00		
82	**Elektrischer Wasserstandsanzeiger** für den Saugbrunnen und den **Blitzableiter** für das Pumpwerksgebäude .				500	00		
	Sa. Titel IX. Wasserstandsfernmelder, Telephonanlage usw.						8 500	00
	Zu übertragen:						1 730 372	90

Lfd. Nr.	Gegenstand der Veranschlagung	Anzahl	Preiseinheit		Geldbetrag im einzelnen		Geldbetrag im ganzen	
			M	Pf	M	Pf	M	Pf
	Übertrag:						1 730 372	90
	Titel X. Grunderwerb und Kreszensentschädigung.							
83	**Grunderwerb** für das Pumpwerksgebäude, die Filterbrunnen, Hochbehälter etc. ca. 12 000 qm, pro qm 1,50 M.	12 000	1	50	18 000	00		
84	**Kreszensentschädigung**				2 000	00		
	Sa. Titel X. Grunderwerb und Kreszensentschädigung						20 000	00
	Titel XI. Insgemein.							
85	An **Zinsverlust** (Bauzwischenzinsen) bei Aufnahme des Anlagekapitals				35 000	00		
86	Anteil an den **Unterhaltungskosten** des **Automobils** der Bauoberleitung				6 500	00		
87	Für **unvorhergesehene Arbeiten** und Lieferungen, Projektaufstellung, Bauvorlagen, Bauaufsicht, Vermessungen und Abrechnungen und zur Abrundung				83 127	10		
	Sa. Titel XI. Insgemein:						124 627	10
	Gesamtbetrag:						1 875 000	00
	Zusammenstellung.							
	Sa. Titel I. Wasserfassung						17 048	10
	" " II. Pumpwerksgebäude						80 000	00
	" " III. Maschinen-Pumpwerks- und Enteisenungs-Anlagen						165 000	00
	" " IV. Hochbehälter.						209 025	00
	" " V. A. Hauptrohrnetz						464 769	50
	" " V. B. Ortsrohrnetz						638 567	70
	" " VI. Ausrüstung der Brunnen und Hochbehälter						18 962	60
	" " VII. Anschlußleitungen						122 500	00
	" " VIII. Werkzeuge und Vorratsteile						6 000	00
	" " IX. Wasserstandsfernmelder, Telephonanlage usw.						8 500	00
	" " X. Grunderwerb und Kreszensentschädigung						20 000	00
	" " XI. Insgemein						124 627	10
	Sa. des Kostenanschlages:						1 875 000	00

Die vorstehend ermittelte Bausumme ergibt auf den Kopf der jetzigen Bevölkerung gerechnet

$$\frac{1\,875\,000 \text{ M.}}{20\,888} = \text{rd. } \mathbf{90\ M.}$$

Fig. 21. Ortshochbehälter Weinolsheim.
In gleicher Ausführung für Hahnheim.

Fig. 22. Ortshochbehälter Friesenheim.

12. Rentabilitätsberechnung.

Bei der Berechnung der Rentabilität ist nach der Erfahrung für die Provinz Rheinhessen als Durchschnittswasserverbrauch nur die Hälfte des oben unter Ziffer 2a ermittelten Maximalwasserbedarfs zugrunde gelegt worden.

Der mittlere Jahresverbrauch wird hiernach rund $\frac{365 \cdot 1900}{2} = 346750$ cbm betragen.

1.	Verzinsung und Amortisation des Gesamtanlagekapitals mit $4\frac{1}{2}$% von M. 1875000	M. 84375
2.	Abschreibung der Maschinenanlagen der elektrischen Wasserstandsfernmelde- und Telephonleitungen und der Wassermesser 2% von M. 130000 + 8000 + 90000 = 228000	„ 4560
3.	Unterhaltung der in voriger Position nicht einbezogenen Anlagen 1‰ von M. 146700	„ 1647
4.	Jährliche Vergütung für den Maschinenmeister, ausschließlich des Mietwertes für Wohnung, Garten etc.	„ 1800
5.	Jährliche Vergütung für 23 Ortswassermeister zu durchschnittlich M. 60	„ 1380
6.	Jährliche Vergütung für einen Hilfsmaschinisten	„ 1200
7.	Jährliche Vergütung für einen Leitungsaufseher	„ 300
8.	Putz- und Schmiermaterial	„ 400
9.	Verwaltungskosten, Hebegebühren, Bezahlung des Rechners, Diäten der Ausschußmitglieder, Versicherungsbeiträge	„ 3000
10.	Steuern und sonstige Abgaben, Drucksachen und anderes Unvorhergesehene	„ 1000
11.	Jährlicher Brennstoffverbrauch für die Sauggasanlage. Zur Förderung von 346750 cbm Wasser in die Hochbehälter werden verbraucht rd. 210000 kg Braunkohle à M. 0,02 = ...	„ 4200
	Summa	M. 103662

Hiervon ab:

a)	Die Einnahme durch Rückvergütung von der Brandversicherungskammer rund . . . . (Die Großherzoglich Hessische Brandversicherungskammer zahlt an Gemeinden, die mit einer Hochdruckwasserleitung versehen sind, eine Vergütung von 2 Pf. pro M. 100 des Brandversicherungskapitals.)	M. 6000	
b)	Die von den Gemeinden zu leistende Vergütung für Entnahme von Wasser zu öffentlichen Zwecken, wie Spülen der Gossen, Sprengen der Straßen, zu Feuerlöschzwecken etc. pro Kopf der Bevölkerung 10 Pf. 20880 · M. 0,10 = ...	„ 2088	
c)	An Wassermessermiete à durchschnittlich M. 2,50 pro Stück = 3500 · M. 2,5 = ...	„ 8750	
d)	Abgabe an die Wasserstation des Bahnhofes Gau-Odernheim und an die Gemeinde Biebelnheim, Udenheim und Nierstein durchschnittlich 200 cbm pro Tag = 73000 cbm pro Jahr à M. 0,15 =	„ 10950	
	zusammen		„ 27788

bleiben durch Wassergeld aufzubringen . . . . M. 75874

Die Kosten pro cbm gefördertes Wasser werden sich auf rund 25 Pf. stellen.

II. Ausführung.

1. Vorverhandlung und Verbandsbildung.

Bereits am 3. Januar 1904 wurde in einem Bericht an die Abteilung für Landwirtschaft, Handel und Gewerbe des Großherzoglichen Ministeriums des Innern von der Großherzoglichen Kulturinspektion Mainz darauf hingewiesen, daß demnächst zur Versorgung des südlichen Teiles des Kreises Oppenheim, des nördlichsten Streifens des Kreises Worms und der Gemeinden Gau-Odernheim, Gau-Köngernheim und Framersheim des Kreises Alzey, die Erbauung eines weiteren Gruppenwasserwerkes mit einem Zentralpumpwerk bei Guntersblum erforderlich werden würde. Es wurde beantragt, daß zu den Vorarbeiten aus der Staatskasse ein Betrag von M. 3500 zur Verfügung gestellt werde.

Fast gleichzeitig lief bei der zweiten Kammer der Stände ein Antrag des Abgeordneten Diehl, Gau-Odernheim, ein, zu beschließen, daß die Kosten der Vorarbeiten zu Gruppenwasserleitungen aus dem Fonds, Kapitel 74, Titel 4: „Beiträge an bedürftige Gemeinden zu den Kosten für Wasserleitungen und zu wasserwirtschaftlichen Meliorationen" bestritten werden können. Dem Antrag, den die Abgeordneten Reinhart-Worms, Braun-Alsheim und Wolf-Stadecken unterstützten, wurde sowohl von der zweiten wie auch von der ersten Kammer zugestimmt.

Nunmehr war das Großherzogliche Ministerium in der Lage, der Kulturinspektion den nachgesuchten Kredit für die Vorarbeiten aus der Staatskasse zu eröffnen, was unter dem 24. Oktober 1904 geschah.

Im Frühjahr 1905 wurde mit den Probebohrungen bei Guntersblum begonnen, an die sich die Herstellung eines Versuchsbrunnens, an dem im Juli desselben Jahres ein Dauerpumpversuch unternommen wurde, anschloß.

Da die Ergebnisse der Voruntersuchungen äußerst günstig waren, konnte ungesäumt mit der Ausarbeitung des Projekts begonnen und gleichzeitig mit den in Frage kommenden Gemeinden wegen ihres Beitrittes zum Wasserversorgungsverband verhandelt werden.

Diese oft recht schwierigen Verhandlungen, die in den Monaten August und September 1905 stattfanden, leitete bei der weitaus größten Mehrzahl der Gemeinden, von denen 20 dem Kreis Oppenheim angehörten, Herr Kreisrat Dr. Steeg mit dankenswertem Geschick und unerschöpflicher Geduld. Das Ergebnis der Verhandlungen war, daß alle Gemeinden ausnahmslos ihren Beitritt zum Wasserversorgungsverbande erklärten.

Jede Gemeinde bestimmte zwei Vertreter, die am 11. Oktober 1905 zu gemeinsamer Sitzung zusammentraten und zur formellen Bildung des Verbandes schritten.

Der Name des Vereins, dem auf Nachsuchen die Rechtsfähigkeit durch das Großherzogliche Ministerium des Innern unter dem 19. Oktober verliehen wurde, lautet: „Wasserversorgungsverband für das Rhein-Selzgebiet". Die Vereinsstatuten sind weiter unten mitgeteilt.

Die Bearbeitung des umfangreichen Wasserversorgungsprojektes war inzwischen soweit vorgeschritten, daß es am 31. Januar 1906 Großherzoglichem Ministerium des Innern zur Prüfung vorgelegt werden konnte. Am 8. März 1906 erfolgte die ministerielle Genehmigung.

Die vorerwähnten Satzungen des Wasserversorgungsverbandes lauten wie folgt:

Satzungen
des
Vereins für den Bau und Betrieb der Wasserversorgungsanlage
des
Rhein-Selzgebietes
angenommen in der I. Sitzung des Verbandsausschusses vom 11. Oktober 1905.

I. Zweck, Sitz und Name des Vereins.

§ 1.

Der von den Gemeinden Alsheim, Bechtolsheim, Dalheim, Dexheim, Dienheim, Dolgesheim, Dorn-Dürkheim, Eimsheim, Framersheim, Friesenheim, Gabsheim, Gau-Köngernheim, Gau-Odernheim, Guntersblum, Hahnheim, Hillesheim, Köngernheim a. d. Selz, Ludwigshöhe, Schornsheim, Undenheim, Waldülversheim, Weinolsheim und Wintersheim begründete Verein bezweckt den Bau und Betrieb einer Wasserversorgungsanlage für das Rhein-Selzgebiet und hat seinen Sitz in Guntersblum.

Der Name des Vereins lautet nach Verleihung der Rechtsfähigkeit durch Großherzogliches Ministerium des Innern: „Wasserversorgungsverband für das Rhein-Selzgebiet“, rechtsfähiger Verein gemäß Verleihungsurkunde Großherzoglichen Ministeriums des Innern vom 19. Oktober 1905.

II. Vereinsvermögen.

§ 2.

Die gesamte Wasserversorgungsanlage ist Eigentum des Verbandes. Dieselbe wird nach dem von Großherzoglicher Kulturinspektion Mainz ausgearbeiteten und von Großherzoglichem Ministerium des Innern, Abteilung für Landwirtschaft, Handel und Gewerbe zu prüfenden und zu billigenden Projekt, Kostenvoranschlag und Rentabilitätsberechnung erbaut.

Das Vermögen des Vereins besteht ferner aus den zur Verfügung stehenden Kapitalien und aus den Betriebseinnahmen.

Der aus dem Betriebe erzielte Reingewinn wird, sofern die Mitgliederversammlung nicht anders bestimmt, an die Mitglieder nach Maßgabe des von denselben in den letzten fünf Jahren bezogenen Wasserquantums verteilt. Nach dem gleichen Verhältnis haften die Mitglieder für den etwa aus dem Betriebe erwachsenden Verlust. Sind zur Zeit der Verteilung der Gewinnraten oder der Anforderung der Verlustanteile fünf Jahre seit Gründung des Verbandes noch nicht verflossen, so tritt an Stelle dieses Zeitabschnittes der bis dahin abgelaufene Zeitraum.

III. Mitgliedschaft.

A. Ein- und Austritt.

§ 3.

Mitglieder des Vereines sind die in § 1 genannten Gemeinden. Der Eintritt weiterer Gemeinden als Mitglieder unterliegt der Genehmigung des Ausschusses (§ 8) und der staatlichen Aufsichtsbehörde (Großherzogliches Kreisamt Oppenheim und Großherzogliches Ministerium des Innern).

Der Austritt aus dem Verein ist nur am Schlusse eines Geschäftsjahres und erst nach Ablauf einer zweijährigen Kündigungsfrist zulässig. Die austretende Gemeinde hat dem Vereine bei ihrem Austritt einen Betrag zu entrichten, welcher der Höhe der Aufwendungen entspricht, die dadurch entstanden sind, daß die betreffende Gemeinde an die Wasserversorgung angegliedert worden ist. Bei Berechnung der zu leistenden Summe sind die während der Dauer der Mitgliedschaft erfolgten Abschreibungen in Anrechnung zu bringen.

B. Beiträge.

§ 4.

Das zur Bestreitung der Anlagekosten erforderliche Kapital wird durch ein Anlehen aufgenommen, für welches die Mitglieder die solidarische Bürgschaft übernehmen. Ebenso haften die Mitglieder als solidarische Bürgen für später aufzunehmende Kapitalien zur Bestreitung der Kosten von Neu- und Umbauten sowie Reparaturen oder anderer Ausgaben, falls dieselbe nicht aus Betriebseinnahmen gedeckt werden.

Für das aus diesen Verpflichtungen sich ergebende Verhältnis der gesamtschuldnerischen Vereinsmitglieder zueinander findet die Bestimmung des § 2 Abs. 3 entsprechende Anwendung.

IV. Organe des Vereins.

I. Vorstand.

§ 5.

Der Vorstand besteht aus dem Vorsitzenden des Ausschusses. An die Stelle des Vorsitzenden tritt in dessen Verhinderung der zweite und in dessen Verhinderung der dritte Vorsitzende. Der Vorsitzende und der Stellvertreter werden von dem Ausschuß (§ 8) auf die Dauer von fünf Jahren gewählt.

§ 6.

Der Vorsitzende führt die laufenden Geschäfte. Er beruft die Sitzungen ein, bereitet die Beschlüsse vor und trägt für deren Ausführung Sorge. Der Vorsitzende ist verpflichtet, den Ausschuß zu berufen, wenn dies von mindestens der Hälfte der Mitglieder beantragt wird. Weigert der Vorsitzende die Einberufung, so ist auf Antrag der die Einberufung verlangenden Ausschußmitglieder durch Großherzogliches Kreisamt Oppenheim die Einberufung zu verfügen und hierzu ein Verhandlungsleiter zu bestimmen.

§ 7.

Der Verein wird gerichtlich und außergerichtlich durch den Vorstand vertreten. Der Vorsitzende führt auch den Vorsitz in dem Ausschuß und in den von demselben bestellten Deputationen, soweit nicht ein anderes ausdrücklich bestimmt wird. Die Ausfertigungen von Urkunden werden namens des Verbandes von dem Vorsitzenden oder in dessen Verhinderung von einem seiner Stellvertreter gültig unterzeichnet; Schuldscheine sowie Urkunden über Erwerb und Veräußerung von Immobilien und Immobiliarrechten müssen außer von dem Vorsitzenden auch von drei durch den Ausschuß beauftragten Mitgliedern desselben unterschrieben sein.

II. Ausschuß.

§ 8.

Der Ausschuß (Mitgliederversammlung) setzt sich aus den von den Vereinsmitgliedern ernannten und bevollmächtigten Vertretern zusammen. Jede Gemeinde entsendet in den Ausschuß den Bürgermeister und in dessen Verhinderung den gesetzlichen Stellvertreter und je einen vom Gemeinderat auf fünf Jahre gewählten Vertreter. Die Gemeinde Guntersblum ist berechtigt, einen weiteren Vertreter auf die gleiche Dauer abzuordnen. Die Vertreter müssen aus den nach Art. 13 der Landgemeindeordnung stimmberechtigten Einwohnern der betreffenden Gemeinden gewählt werden, vorausgesetzt, daß sie nicht infolge Verurteilung unfähig zur Bekleidung öffentlicher Ämter sind.

§. 9.

Der Ausschuß ist nur beschlußfähig, wenn mehr als die Hälfte der Auschußmitglieder mit Einschluß des Vorsitzenden anwesend sind, und wenn sämtliche Ausschußmitglieder spätestens am Tage vorher mit Angabe der Beratungsgegenstände schriftlich eingeladen waren. Die Beschlüsse

Fig. 23. Ortshochbehälter Hillesheim.

Fig. 24. Ortshochbehälter Dienheim.

werden nach Stimmenmehrheit gefaßt. Im Falle der Stimmengleichheit entscheidet die Stimme des Vorsitzenden. Ist die erste berufene Versammlung nicht beschlußfähig, so ist eine zweite Versammlung einzuberufen, die alsdann ohne Rücksicht auf die Zahl der anwesenden Mitglieder beschlußfähig ist.

Über Gegenstände, welche nicht auf der Tagesordnung stehen, darf, dringende Fälle ausgenommen, nur dann Beschluß gefaßt werden, wenn wenigstens zwei Dritteile der Mitglieder anwesend sind, und alle anwesenden Mitglieder sich für alsbaldige Erledigung des Gegenstandes aussprechen. Über die Ausschlußbeschlüsse ist von einem durch den Ausschuß zu wählenden Schriftführer ein Protokoll aufzunehmen, welches nach Verlesung und Genehmigung von dem Vorsitzenden und dem Schriftführer zu unterzeichnen ist.

§ 10.

Die Ausschußmitglieder erhalten Diäten und Ersatz der Transportkosten, wie sie für Ortsvorstandspersonen jeweils in Geltung sind. Die ortsansässigen Ausschußmitglieder erhalten eine vom Ausschuß festzusetzende Vergütung.

§ 11.

Dem Ausschusse liegt die gesamte Verwaltung des Unternehmens, insbesondere auch die Vermögensverwaltung ob. Demgemäß steht ihm insbesondere auch die Beschlußfassung über folgende Geschäfte zu:

Grunderwerbungen und Veräußerungen, Aufnahme von Anlehen, Vergebung von Arbeiten und Lieferungen, Abschluß von Verträgen mit Unternehmern, Anstellung des Maschinenwärters, der Ortswassermeister und etwaiger sonstiger Bediensteten, die Feststellung der Dienst- und Gehaltsverhältnisse dieser Angestellten unter Zugrundelegung der von der Bauleitung aufzustellenden technischen Instruktionen, die Unterweisung und Überwachung sowie die Entlassung dieser Bediensteten, sofern dieselben nicht unmittelbar der technischen Staatsbehörde unterstellt werden, die Anordnung der von der technischen Staatsbehörde für notwendig erachteten Reparaturen, Festsetzung des Wasserbezugspreises, Gestattung des Wasserbezugs in anderen Gemeinden, Bildung von Deputationen aus seiner Mitte zur Erledigung einzelner Geschäftszweige.

V. Rechnungswesen des Vereins.

§ 12.

Für die Besorgung der Einnahmen und Ausgaben des Vereins wird von dem Ausschuß ein Rechner ernannt.

Auf dessen Anstellungs-, Kautions-, Gehalts- und Dienstverhältnisse finden die für die Gemeindeeinnehmer bestehenden gesetzlichen Vorschriften sinngemäße Anwendung. Für die Geschäftsführung des Rechners gelten die Bestimmungen der Dienstanweisung für die Gemeindeeinnehmer vom 24. Februar 1898.

§ 13.

Auf das Rechnungswesen finden die für das Gemeinderechnungswesen geltenden Vorschriften sinngemäße Anwendung, insoweit in diesen Satzungen nicht anders bestimmt ist. Das Rechnungsjahr läuft vom 1. April des einen bis zum 31. März des folgenden Jahres. Der von dem Vorsitzenden zu entwerfende Voranschlag ist nach Feststellung durch den Ausschuß von Großherzoglichem Kreisamt Oppenheim zu genehmigen.

§ 14.

Alle Anweisungen zur Vereinnahmung und Verausgabung von Beträgen werden von dem Vorsitzenden des Verbandes vollzogen. Während der Ausführung der Bauarbeiten notwendig werdende Ausgaben können nur angewiesen werden, wenn die Ermächtigung zur Zahlung durch die Großherzogliche Kulturinspektion Mainz erteilt ist. Dasselbe gilt für Ausgaben, welche nach Inbetriebsetzung der Anlage erwachsen und den Betrag von 300 M. übersteigen, vorausgesetzt, daß nicht Gefahr im Verzuge liegt.

VI. Wasserabgabe.

§ 15.

Die Wasserabgabe aus der Verbandsleitung und die Instandhaltung und Benützung der Privatleitungen wird durch eine vom Ausschuß zu erlassende Wasserbezugsordnung sichergestellt. Jeder einzelnen Gemeinde bleibt es unbenommen, mit Genehmigung des Verbandsausschusses und mit Zustimmung der Aufsichtsbehörde (§ 18) zu dem vom Ausschusse festgesetzten Wasserpreise einen Zuschlag zu erheben oder einen Teil des Preises aus der Gemeindekasse zu zahlen. Die Abrechnung zwischen der Gemeinde und dem Vereine geschieht in diesen Fällen durch letzteren.

§ 16.

Die nach der im vorigen Paragraphen erwähnter Wasserbezugsordnung zu entrichtenden Abgaben, sowie etwaige andere Einnahmen des Verbandes werden entweder von den Gemeindeeinnehmern der beteiligten Gemeinden oder von dem Verbandsrechner erhoben und an die Verbandskasse abgeliefert. Die Festsetzung der den Gemeindeeinnehmern zu gewährenden Vergütung liegt dem Ausschusse ob. Auch für den Fall, daß die Erhebung durch die Gemeindeeinnehmer stattfindet, kann der Vorsitzende zufällige Einnahmen dem Verbandsrechner zur direkten Erhebung anweisen.

VII. Neubaufond.

§ 17.

Zur Bildung eines Neubaufonds sind mindestens jedes Jahr von den Kosten

a) der Gebäude und Maschinenbestandteile $^1/_2\,^0/_0$,

b) der beweglichen Maschinenteile $1\,^1/_2\,^0/_0$

des erstmaligen Herstellungsaufwandes neben den jährlichen Betriebskosten aufzubringen. Die Bildung des Neubaufonds hat spätestens mit dem Etatsjahre 1912 zu beginnen.

Die Beiträge zu diesem Neubaufonds sind verzinslich anzulegen und nur für Neubauzwecke zu verwenden. Die jährlichen Zinsen dieses Fonds sind stets dem Kapital zuzuschlagen. Die Überweisung von Beträgen zu diesem Fond und der Zuschlag der Zinsen kann durch Beschluß des Ausschusses mit Genehmigung Großherzoglichen Kreisamtes Oppenheim eingestellt oder geändert werden.

VIII. Aufsichtsbehörden.

§ 18.

Die staatliche Aufsichtsbehörde über die Verwaltung dieses Vereins ist das Großherzogliche Kreisamt Oppenheim. Das Großherzogliche Kreisamt Oppenheim wird vor bei allen von ihm als Aufsichtsbehörde zu fassenden Beschlüssen, insbesondere auch der den von ihm zu erteilenden Genehmigungen die Großherzoglichen Kreisämter Alzey und Worms hören.

Mit Rücksicht auf den Charakter des Unternehmens gelten sowohl in den Beziehungen des Vereins zur Aufsichtsbehörde als in den Kompetenzen der letzteren gegenüber dem Ausschusse und dem Vorsitzenden und umgekehrt, für die Stellung des Ausschusses die den Gemeinderat und für die Stellung des Vorsitzenden die den Bürgermeister betreffenden Bestimmungen der Verwaltungsgesetze, insoweit in gegenwärtiger Satzung nichts anderes bestimmt ist. Hiernach bedürfen insbesondere die Beschlüsse des Ausschusses, welche die Bestellung des Rechners, die Veräußerung von

Grundeigentum und Immobiliarrechten, die Aufnahme von Anlehen und Zurückziehung von Kapitalien betreffen, der Genehmigung der Aufsichtsbehörde. Aus gleichem Grunde liegt die Genehmigung des Voranschlages dem Großh. Kreisamt Oppenheim und die Prüfung der Rechnung der Großh. Oberrechnungskammer ob.

§ 19.

Die technische staatliche Aufsichtsbehörde ist die Großherzogliche Kulturinspektion Mainz, gegenüber welcher der Verein sich zu Nachstehendem verpflichtet:

1. Die auf Grund der vorliegenden Pläne und Überschläge, sowie der noch erforderlichen Detailpläne abzuschließenden Akkorde und die Aufstellung der Vergebungsbedingungen geschehen durch die Großherzogliche Kulturinspektion Mainz, welcher Behörde auch die Bauleitung und die Ausführung des gesamten Werkes übertragen wird.

2. In allen technischen Fragen ist sowohl während des Baues als während des Betriebes das Gutachten der technischen Staatsbehörde vorher einzuholen. Eine Einholung des Gutachtens hat, wenn die Verhandlungen von der Aufsichtsbehörde geführt werden, durch diese, andernfalls durch den Ausschuß bzw. dessen Vorsitzenden zu erfolgen.

3. Die Wasserwerksanlage ist stets in einem solchen baulichen Zustande zu erhalten, daß die Wasserversorgung ungeschmälert und dauernd gesichert ist.

4. Die Wasserversorgungsanlage ist alljährlich einmal durch den Vorstand der technischen Staatsbehörde oder dessen Stellvertreter eingehend untersuchen zu lassen.

5. Für jede Gemeinde ist ein Ortswassermeister zu bestellen und demselben eine von der technischen Staatsbehörde zu entwerfende Instruktion zu erteilen, wonach er die richtige Prüfung und Instandhaltung der in der Gemarkung befindlichen Anlage zu überwachen hat. Die Ortswassermeister sind kreisamtlich zu verpflichten.

Liquidation.

§ 20.

Im Falle einer Liquidation werden die Liquidatoren vom Großh. Kreisamt Oppenheim ernannt. Über Beschwerden gegen die Bestellung und das Liquidationsverfahren entscheidet Großh. Ministerium des Innern endgültig unter Ausschluß des Rechtswegs.

§ 21.

Streitigkeiten zwischen den Mitgliedern des Vereins untereinander oder mit dem Vereine hinsichtlich aller aus der Zugehörigkeit zum Vereine erwachsenden Rechte und Pflichten werden unter Ausschluß des Rechtswegs von einem Schiedsgericht entschieden. Jeder der Streitteile hat einen Schiedsrichter zu ernennen, welche ihrerseits sich dann über den dritten Schiedsrichter zu einigen haben.

Falls sich beide Schiedsrichter über die Person des dritten Schiedsrichters nicht einigen, so wird derselbe von dem zuständigen Gerichte ernannt.

§ 22.

Abänderungen gegenwärtiger Satzung bedürfen der Genehmigung des Großherzoglichen Kreisamts Oppenheim und des Großherzoglichen Ministeriums des Innern.

§ 23.

Die vorstehenden Satzungen finden auf den Wasserversorgungsverband für das Rhein-Selzgebiet mit der Maßgabe sofortige Anwendung, daß dieser bis zur Verleihung der Rechtsfähigkeit Gesellschaft im Sinne der §§ 705 ff. B.G.B. verbleibt.

2. Zusammensetzung des Verbandsausschusses.

Als Gemeindevertreter im Verbandsausschuß wurden von den einzelnen Ortsvorständen die nachverzeichneten Herren gewählt.

Lfd. Nr.	Gemeinde	Großh. Bürgermeister	Großh. Beigeordneter als Vertreter des Bürgermeisters im Ausschuß	Gemeinderatsmitglied
		I. Kreis Oppenheim.		
1.	Guntersblum	Schätzel	W. Rösch	K. Schuppert und Jak. Schmitt I.
2.	Bechtolsheim	Schuckmann	Schuckmann	Joh. Eger
3.	Dalheim	Spindler	Uhl	Schweitzer
4.	Dexheim	Dahlem	Dinger	Borngässer
5.	Dienheim	Best	Stark	Gg. Stark VII.
6.	Dolgesheim	Diefenthäler	Stark	Chr. Stark II.
7.	Eimsheim	Zimmermann	Biegler	Phil. Wolf
8.	Friesenheim	Krug	Bechtel	Gg. Rüger
9.	Gabsheim	Palzer	Rückershäußer	Joh. Grode VI.
10.	Hahnheim	Heinz	Möbus	Hoffmann
11.	Hillesheim	Wirthwein	Seitz	Joh. Trapp
12.	Köngernheim a. d. Selz	Best	Held	Phil. Best III.
13.	Ludwigshöhe	Weber	Lamberth	Ad. Raab
14.	Schornsheim	Geil	Brandt	Ad. Tautphäus
15.	Undenheim	Herter	Jung	Gust. Zimmermann
16.	Wald-Uelversheim	Loesch	Hill	Wilh. Stallmann VI.
17.	Weinolsheim	Achebach	Hamm	Pet. Keipper
18.	Wintersheim	R. Dettweiler	H. Dettweiler	O. Dettweiler
		II. Kreis Worms.		
19.	Alsheim	Braun	Lauth	David
20.	Dorn-Dürkheim	Reßler	Egelhof	D. Biegler
		III. Kreis Alzey.		
21.	Framersheim	Deforth	Metzler	Pet. Deforth
22.	Gau-Köngernheim	Wörner	Meiser	Joh. Muhl
23.	Gau-Odernheim	Diehl	Brand	J. Grode.

Zum ersten Vorsitzenden wurde Bürgermeister Schätzel-Guntersblum, zum zweiten Bürgermeister Braun-Alsheim, zum dritten Bürgermeister Diehl-Gau-Odernheim, und zum Schriftführer Karl Schuppert-Guntersblum gewählt.

Als Rechner des Verbandes für die Zeit der Bauausführung wurde Joh. Becker-Guntersblum bestellt.

3. Kapitalaufnahme.

Das erforderliche Baukapital im Betrage von M. 1875000 wurde bei der Hessischen Landeshypothekenbank in Darmstadt entliehen. Die hauptsächlichen Bedingungen des Darlehnsvertrages sind folgende:

Das Darlehen ist für die ganze Dauer des Darlehnsverhältnisses unkündbar. Der Zinsfuß beträgt während der ersten 10 Jahre 3,70%, für den Rest der Darlehnsdauer 3,625% und kann nicht erhöht werden. Erst spätestens vom dritten Jahre an muß das Darlehen mit nicht unter $^1/_2$ vom Hundert amortisiert werden, so daß die Schuld in etwa 58 Jahren getilgt ist.

Die Auszahlung des Darlehns erfolgt je nach Bedarf des Verbandes in beliebigen Teilbeträgen, die 1 bis 2 Tage vor dem Zahlungstermin namhaft zu machen sind. Die abgehobenen Teilbeträge sind jeweils vom Auszahlungstage an mit 3,70% zu verzinsen.

Fig. 25. Ortshochbehälter Guntersblum.

Fig. 26. Ortshochbehälter Biebelnheim.

4. Arbeitsvergebung und Verzeichnis der ausführenden Firmen.

Die sämtlichen Arbeiten zur Ausführung der Rohrleitungen und der Hochbehälter wurden im Februar 1906 in allgemeiner öffentlicher Submission ausgeschrieben. Die Eröffnung der eingelaufenen Angebote erfolgte am 13. März und hatte nachstehendes Ergebnis:

a) Angebote auf Herstellung der Rohrleitungen.

Lfde. Nr.	Name des Unternehmers	Wohnort	Bei Verwendung von Mannesmannröhren M.	Pf.	gußeisernen Röhren M.	Pf.
1	Oltsch & Co.	Zweibrücken	1 072 032	24	1 129 328	94
2	P. Krautwurst	Hameln	1 101 398	20	1 193 028	32
3	Wilh. Schröter	Frankfurt a. M.	1 149 467	63	1 159 439	43
4	Saalfeld & Dorfmüller	München	1 159 175	35	1 155 909	60
5	Kölwels Nachf.	Zweibrücken	1 180 667	64	1 160 964	34
6	Heckel & Nonnweiler	Saarbrücken	1 190 665	01	1 264 332	21
7	Karl Funder	Düsseldorf	1 221 735	42	1 150 452	67
8	Mennicke Nachf.	Dresden	1 247 681	79	1 249 424	49
9	Hch. Scheven	Düsseldorf	1 282 020	01	1 172 625	01
10	Südd. Wasserwerke	Frankfurt a. M.	1 286 994	23	1 172 163	11
11	Joos Söhne	München	1 289 198	45	1 185 205	90
12	Niedermayer & Götze	Stettin	1 292 376	72	1 197 240	28
13	C. Lauterbach	Leipzig-Eutr.	1 309 545	99	1 200 927	78
14	Allg. Städtereinigungsgesellschaft	Berlin	1 309 716	48	1 225 854	38
15	C. F. A. Gerling	Altona	1 312 639	77	1 197 227	82
16	C. Mayr	Koblenz	1 327 351	06	1 259 717	16
17	Deissner	Aschersleben	1 338 466	72	1 340 749	62
18	Paul Niesen	Höhr	1 342 559	36	1 432 677	66
19	Paul Fiebig	Berlin	1 435 640	01	1 492 913	80
20	Rhein. Konstr.-Bureau	Duisberg	1 559 357	79	fehlt	
21	David Grove	Berlin	fehlt		1 239 321	01

b) Angebote auf Herstellung der Hochbehälter.

Lfde. Nr.	Name des Unternehmers	Wohnort	Bei Verwendung von Trägerdecken M.	Pf.	Rippendecken M.	Pf.
1	W. Stark	Neunkirchen	206 133	10	182 135	46
2	Oltsch & Co.	Zweibrücken	208 231	35	189 992	09
3	Paul Gockenbach	Arnstadt	216 129	—	—	—
4	W. Hülssner	Leipzig	227 219	—	184 219	30
5	H. & A. Brockhaus	Köln a. Rh.	228 728	75	183 762	75
6	Krutina & Möhle	Malstatt-Burbach	229 171	—	205 881	—
7	Pfannbecker und Walter	Worms a. Rh.	234 876	20	207 166	76
8	Germania Betonwerke	Kassel	235 902	50	196 979	—
9	W. Schröter	Frankfurt a. M.	237 670	50		
10	Hrch. Scheven	Düsseldorf	244 835	90		
11	Meess & Nees	Karlsruhe	277 020	55		
12	Zementbau A.-G.	Hannover	279 714	50		
13	Wiesbadener Zementwarenfabrik	Wiesbaden	280 490	30		
14	C. Mayr	Koblenz	293 822	50		
15	Mainzer Betonbau-Gesellschaft	Mainz	298 193	15		

Den Zuschlag für die Herstellung der Rohrleitungen erhielt die Firma Oltsch & Co. in Zweibrücken mit einem Angebot von

M. 1 060 725 (bei M. 1 147 000 Voranschlagshöhe)

und für die Herstellung der Hochbehälter ebenfalls die Firma Oltsch & Co. mit einem Angebot von

M. 189 992,09 (bei M. 214 400 Voranschlagshöhe).

Die Vergebung der übrigen Arbeiten erfolgte später an folgende Firmen:

Name	Wohnort	Art der Arbeiten oder Lieferung	
Gasmotorenfabrik Deutz	Köln-Deutz	Pumpwerk.	
Thiele & Höring	Heidelberg	Brunnenanlagen	
Mitteldeutsche Telephongesellschaft	Frankfurt a. M.	Wasserstandsfernmeldeanlage	
Karl Andrae	Stuttgart	Wassermesserlieferung	
Bopp & Reuther	Mannheim-Waldhof	„	
Breslauer Metallgießerei	Breslau	„	
Pörringer & Schindler	Zweibrücken	Schwimmerventile	
Fr. Zucker	Worms	Erd- und Maurerarbeiten	für das Pumpwerksgebäude
Pfannebecker und Walter	„	Betonarbeiten	
Gebr. Kraus	Guntersblum	Zimmerarbeiten	
Gg. Osterritter	Oppenheim	Dachdeckerarbeiten	
Ph. Sander	Gau-Odernheim	Blitzableiteranlage (Fertigstellung durch Guckert, Guntersblum)	
H. Guckert	Guntersblum	Spengler- und Installationsarbeiten	
L. Fey	Mainz	Eiserne Dachbinder- und Schlosserarbeiten	
H. Schneider	Guntersblum	Schlosserarbeiten	
Fabrik Fenestra	Frankfurt a. M.	Lieferung der eisernen Fenster	
W. Klein	Darmstadt	Rabitz- und Putzarbeiten	
W. Laubenheimer	Guntersblum	Putz- und Anstreicherarbeiten	
Ph. Schenk	„	Verglasung der eisernen Fenster	
Allgem. Elektrizitätsgesellschaft	Berlin (Mainz)	Elektrische Beleuchtungs- u. Kraftanlage	
Villeroy & Boch	Mettlach (Mainz)	Plattenbeläge	
J. N. Köbig	Mainz	„	
Chr. Eberhardt, K. Schäfer & W. Schmunk	Guntersblum	Glaserarbeiten (hölzerne Fenster)	
Ph. Schenk & Gebr. Kraus	„	Schreinerarbeiten	
J. Struth	Nieder-Ingelheim	„	
Ph. Adloff II	Guntersblum	Pflasterarbeiten	
K. Stillbauer	„	Gartenanlage	

5. Bauleitungs- und Aufsichtspersonal.

Die Bauausführung lag in den Händen der Großherzoglichen Kulturinspektion für die Provinz Rheinhessen in Mainz. Es waren die nachfolgenden Beamten dabei beschäftigt:

I. Bauoberleitung: Großherzoglicher Baurat v. Boehmer.

II. Bauleitung: " Kulturingenieur Meunier,
" Regierungsbauführer Bach,
Architekt: Lenz.

III. Bauaufsicht: Großherzoglicher Kulturtechniker Breitwieser,
Kulturtechniker-Aspirant Roth, Jung, Fürstenfeld,
Kulturaufseher Fuchs, Mang, Bauaufseher Schäfer, Ebel.

Mit der Bauausführung wurde am 1. Mai 1906 begonnen. Die Anlage konnte am 1. September 1907 erstmals in Betrieb gesetzt werden. Die Bauausführung erforderte daher, abgesehen von einigen rückständigen Arbeiten, die Zeit von 16 Monaten.

ÜBERSICHTSKARTE.

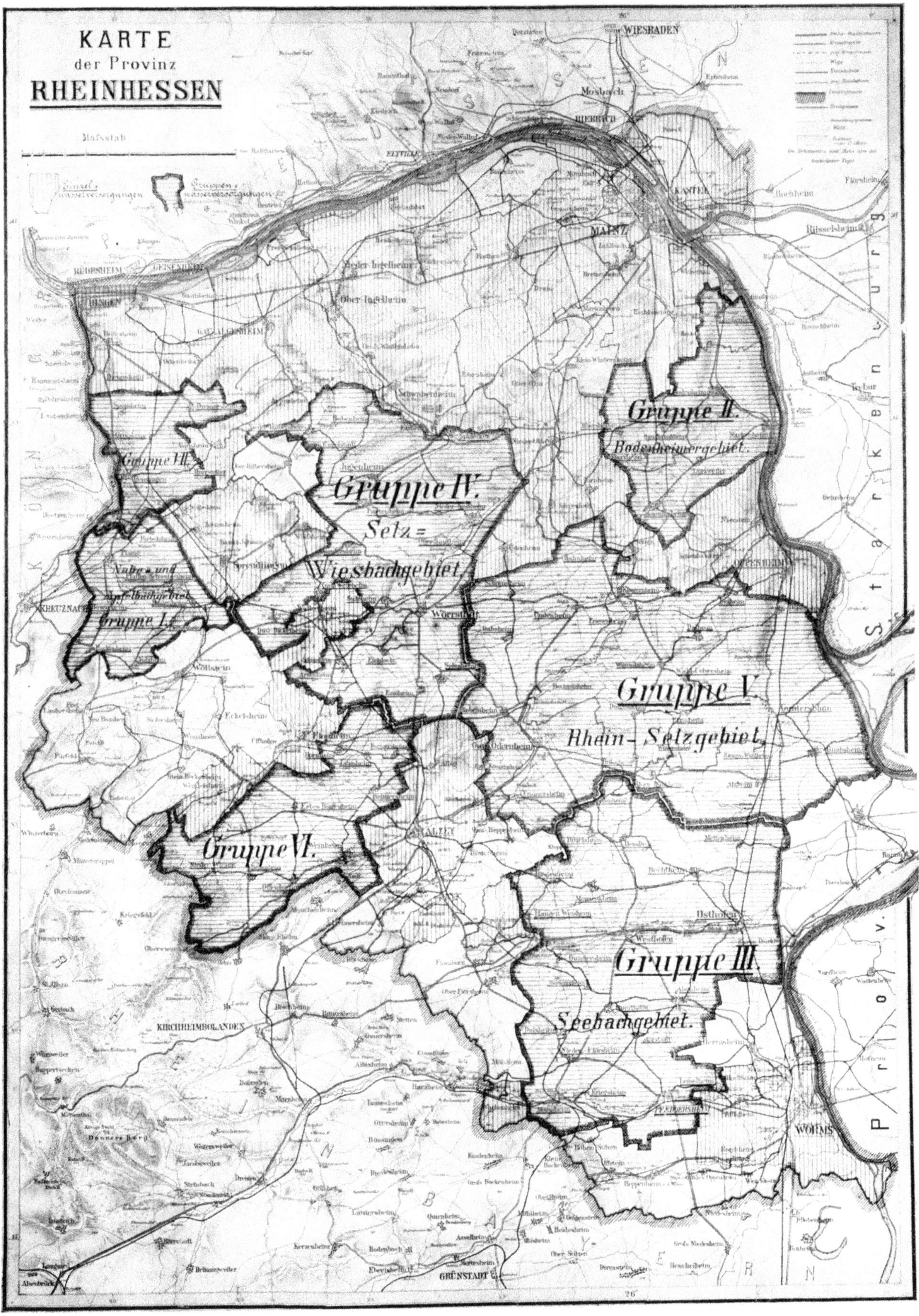

Druck von R. Oldenbourg in München.

v. Boehmer, Die Wasserversorgung des Rhein-Selz-Gebiete

Lageplan des V

Tafel II.

…gungsgebietes.

km Beteiligungsgrenze

Verlag von R. OLDENBOURG, München und Berlin.

Höhenplan d

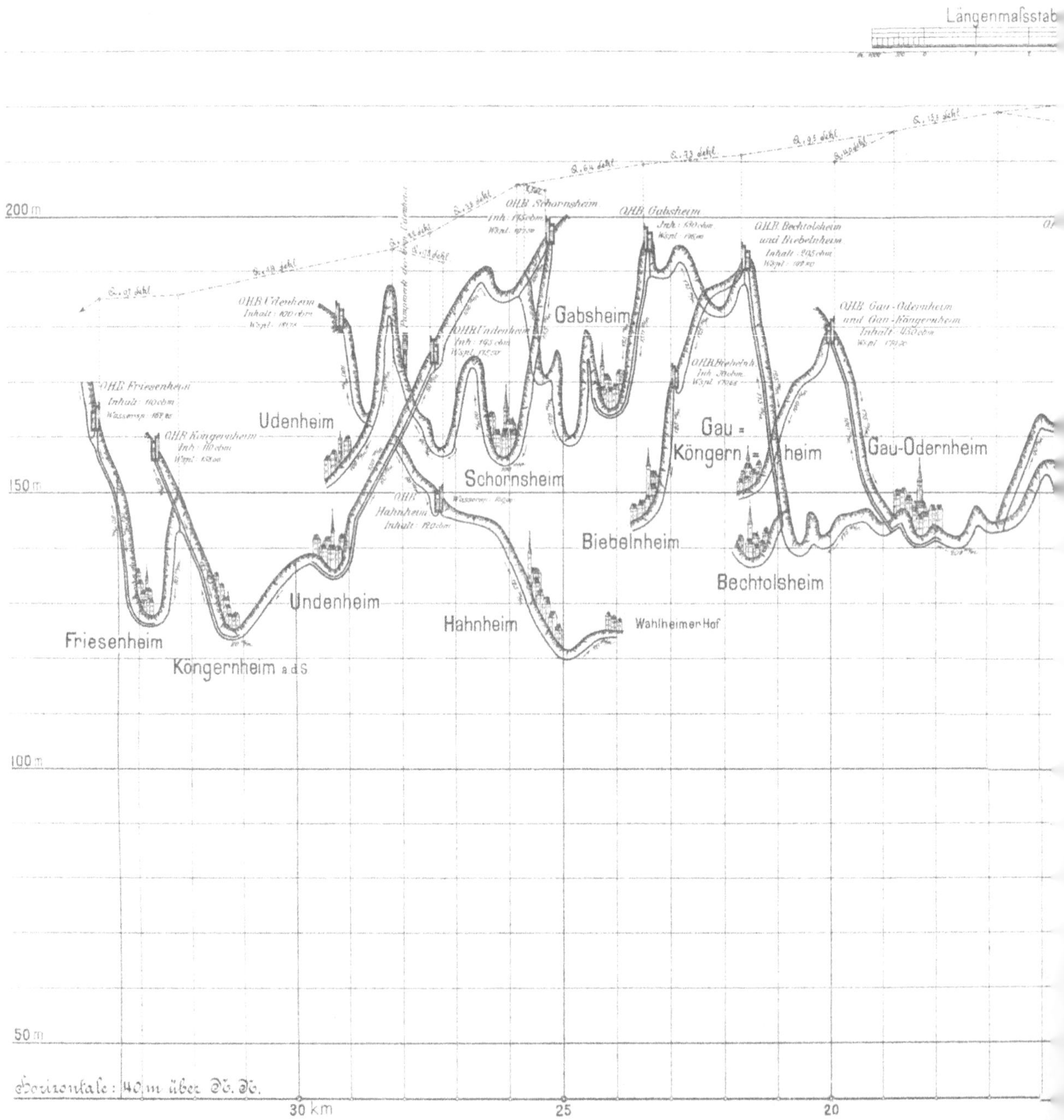
Längenmaßstab
200 m
150 m
100 m
50 m
Friesenheim
Köngernheim a.d.S.
Undenheim
Udenheim
Schornsheim
Hahnheim
Wahlheimer Hof
Gabsheim
Biebelnheim
Gau-Köngernheim
Bechtolsheim
Gau-Odernheim
Horizontale: 40 m über N. N.
30 km
25
20

Tafel III.

...ersorgungsgebietes.

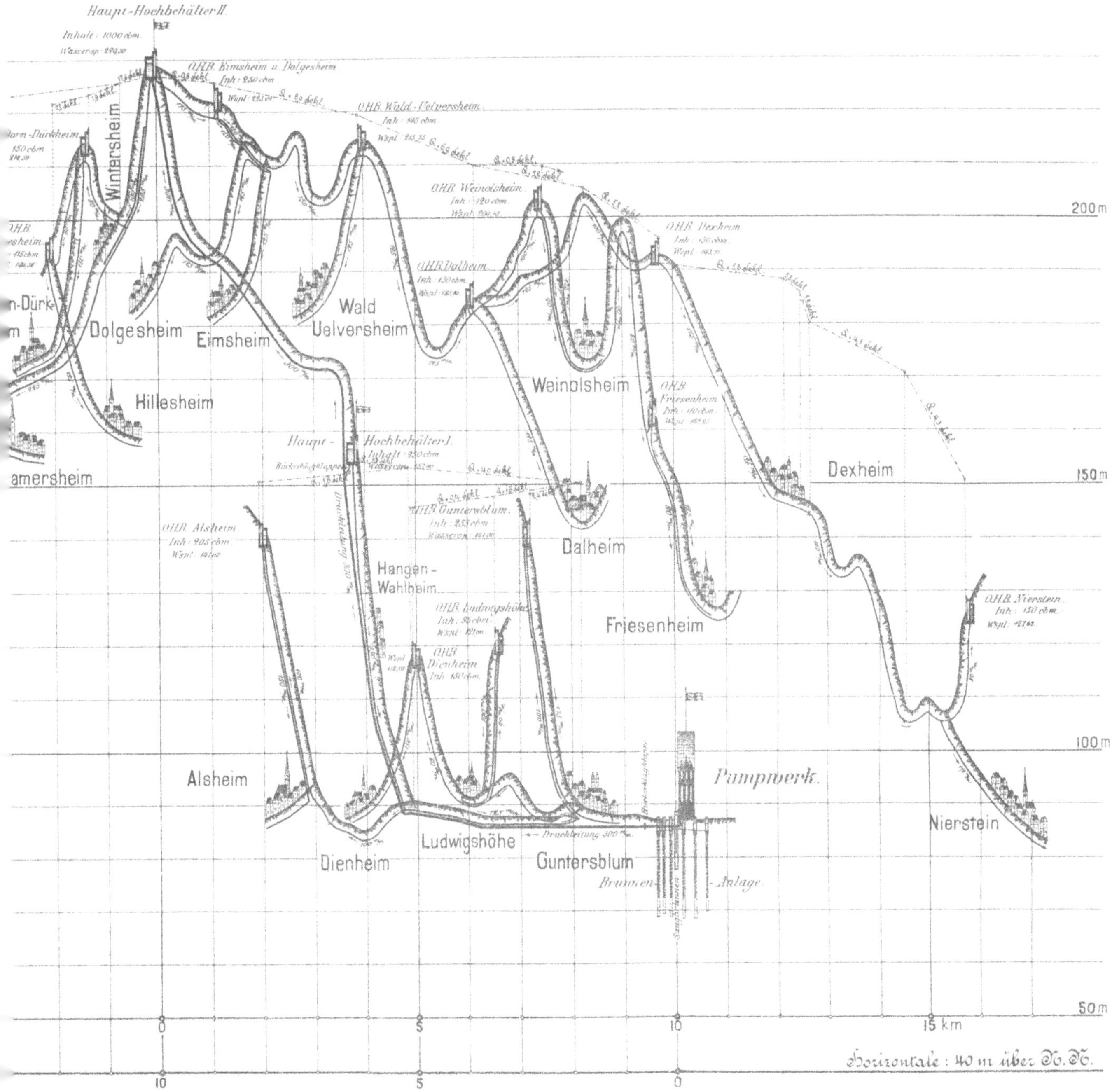

Verlag von R. OLDENBOURG, München und Berlin.

v. Boehmer, Die Wasserversorgung des Rhein-Selz-Gebietes.

Tafel IV.

Verlag von R. OLDENBOURG, München und Berlin.

Bodenprofile im Wasserfassungsgebiet.

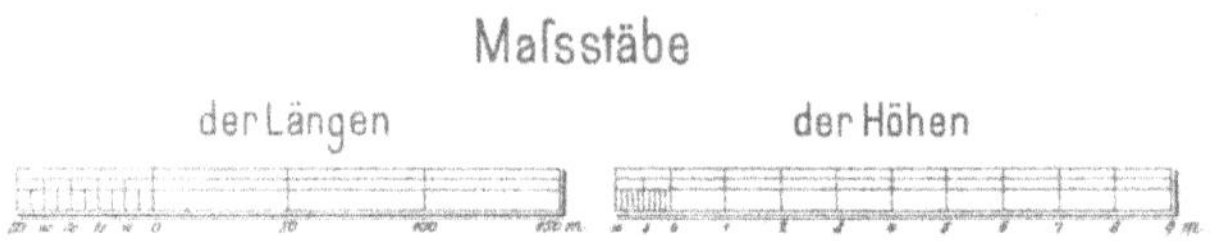

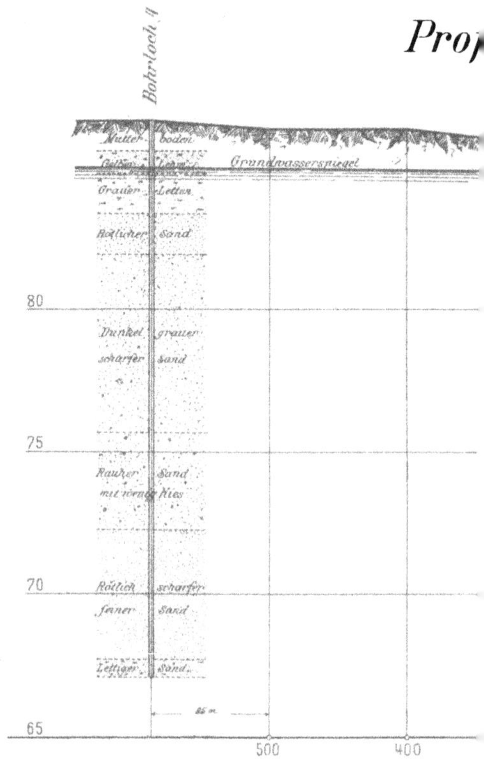

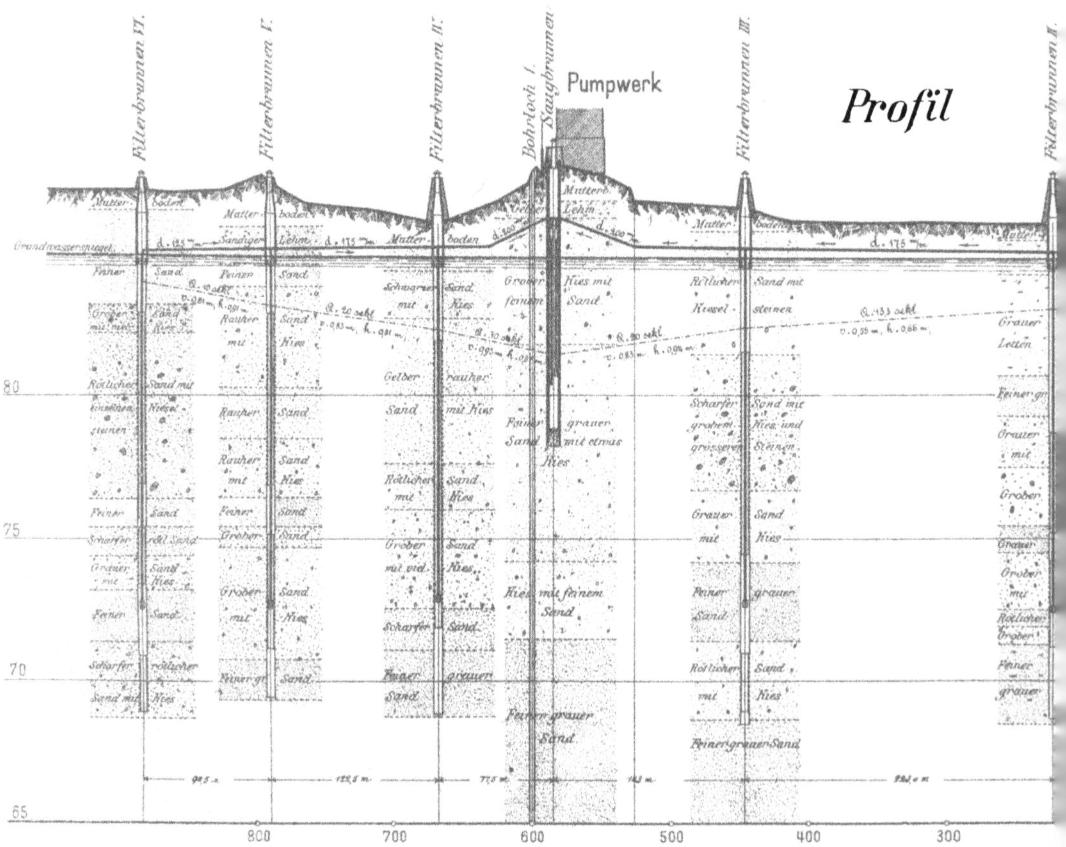

parallel zum Rhein

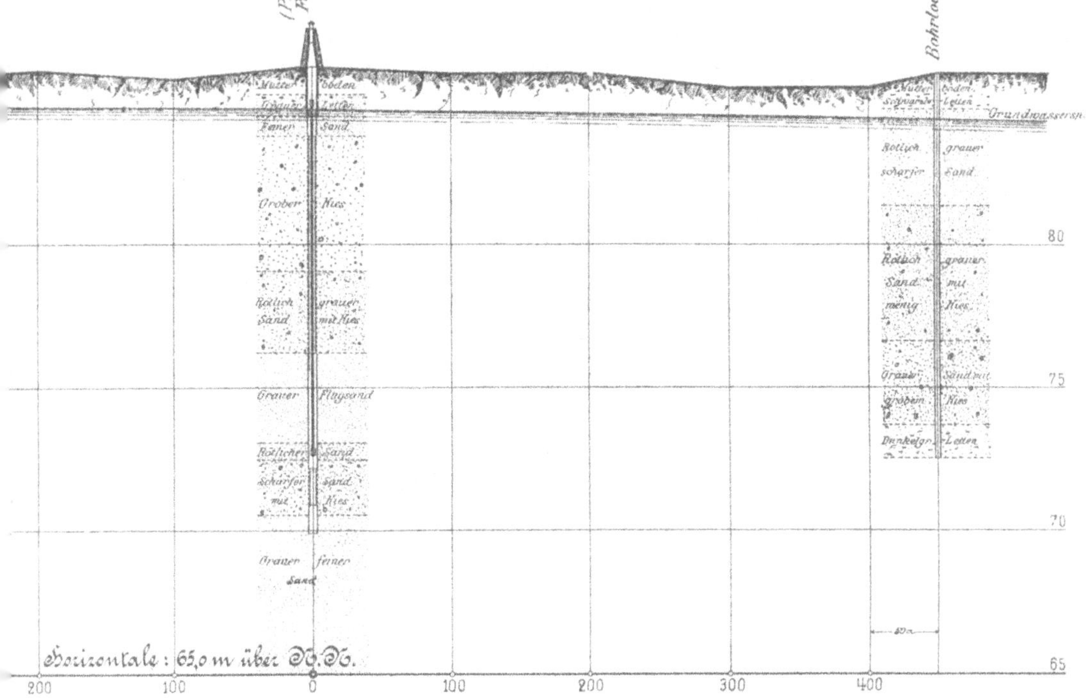

...kelig zum Rhein

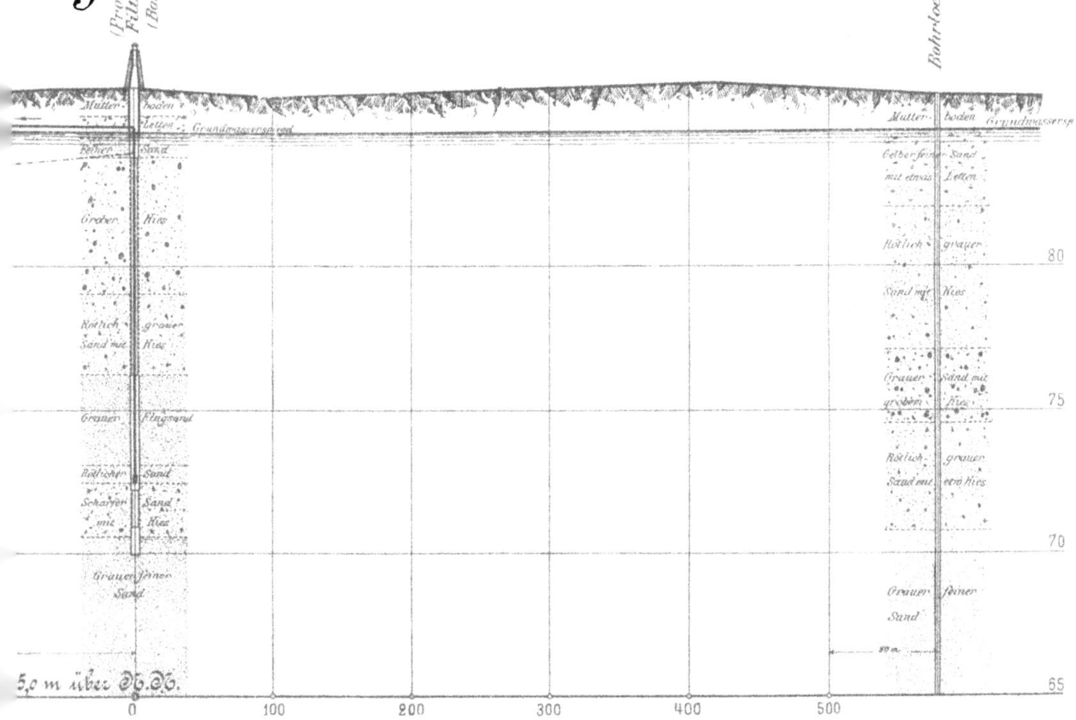

Verlag von R. OLDENBOURG, München und Berlin.

v. Boehmer, Die Wasserversorgung des Rhein-Selz-Gebiete

Grundriss des Pumpwerkgebäudes mit Maschinenanlage.

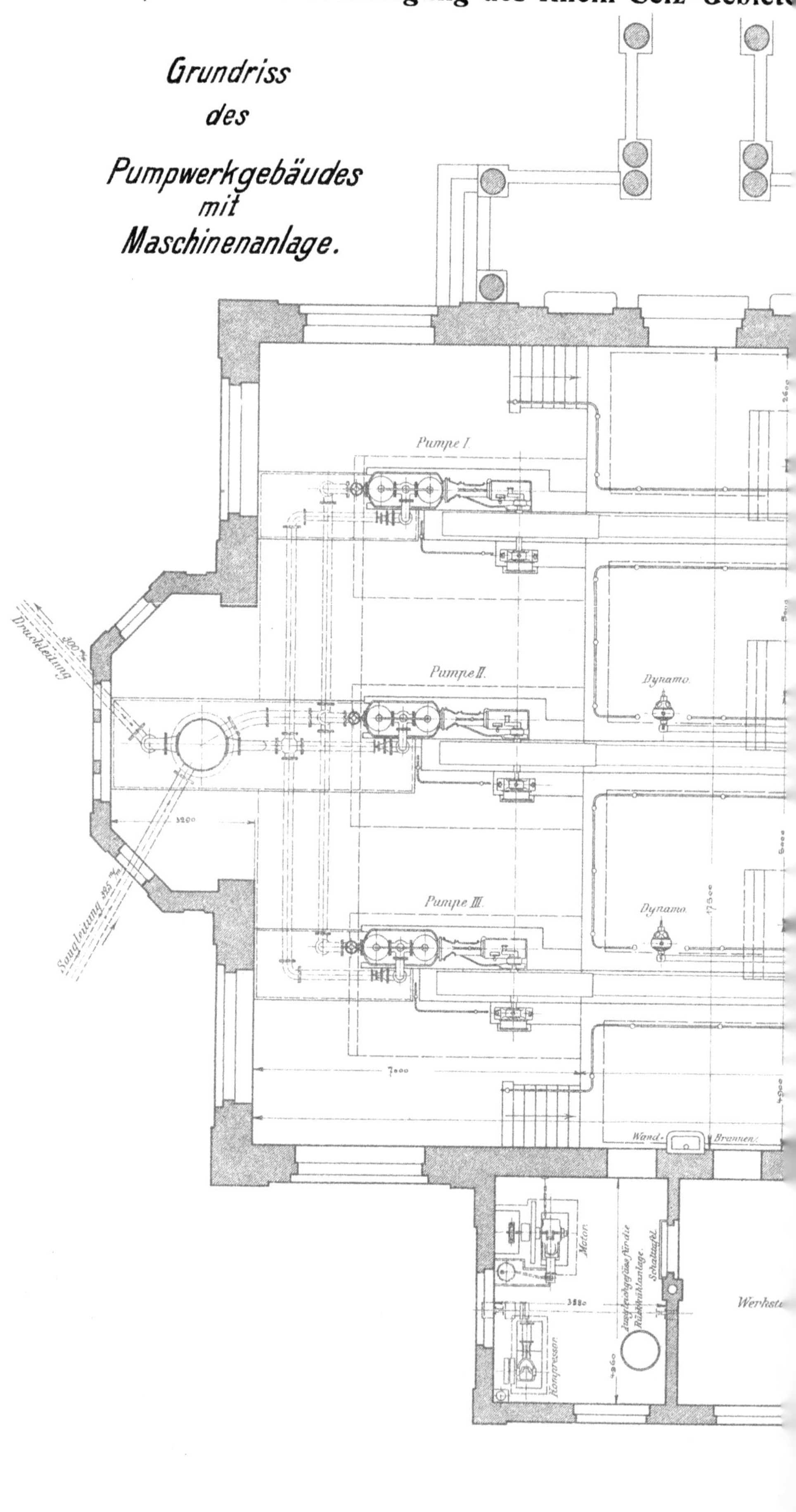

Tafel VI.

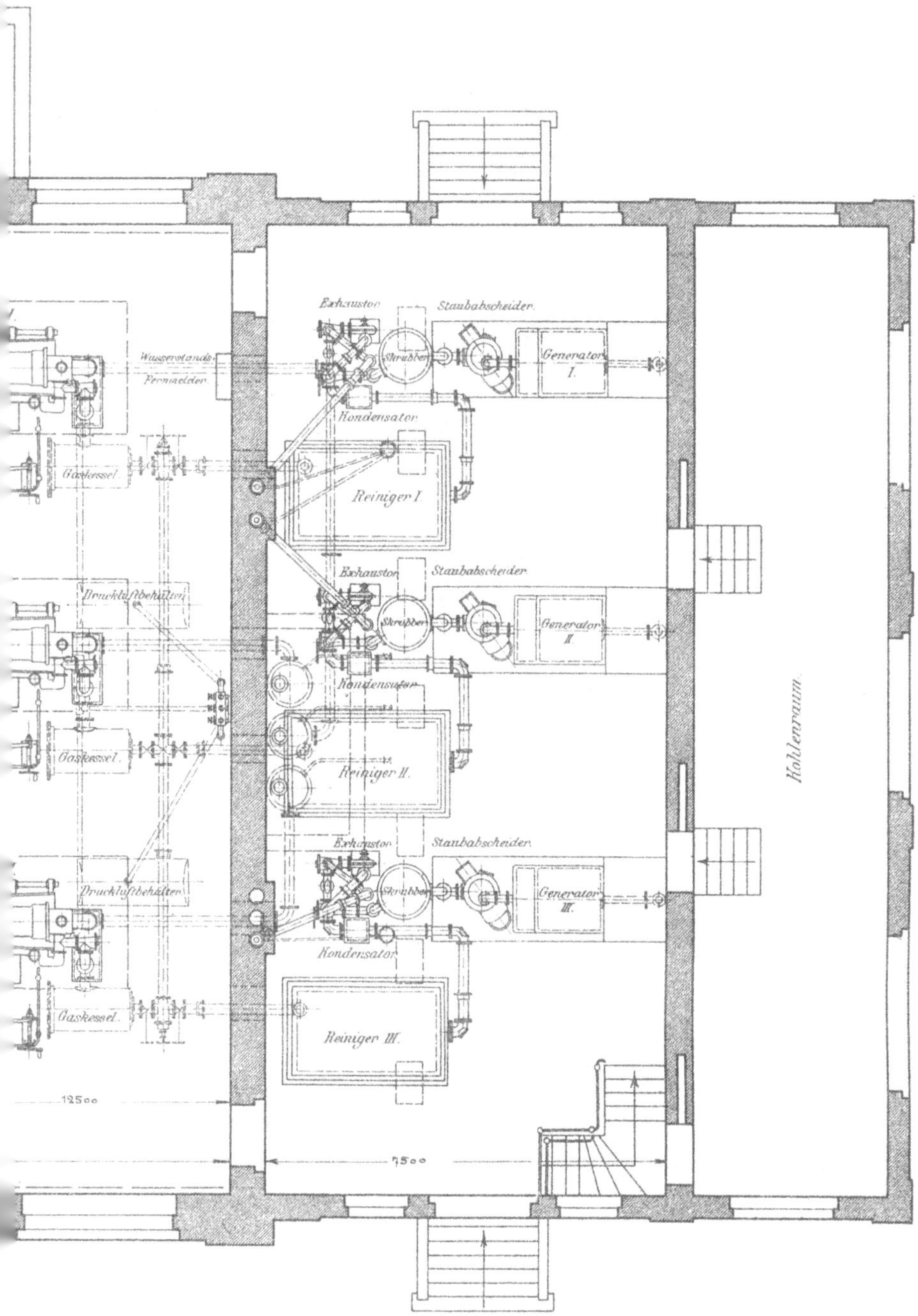

Maſsstab.

Verlag von R. OLDENBOURG, München und Berlin.

Lageplan
des
Pumpwerkes samt
Wohn- u. Nebengebäude.

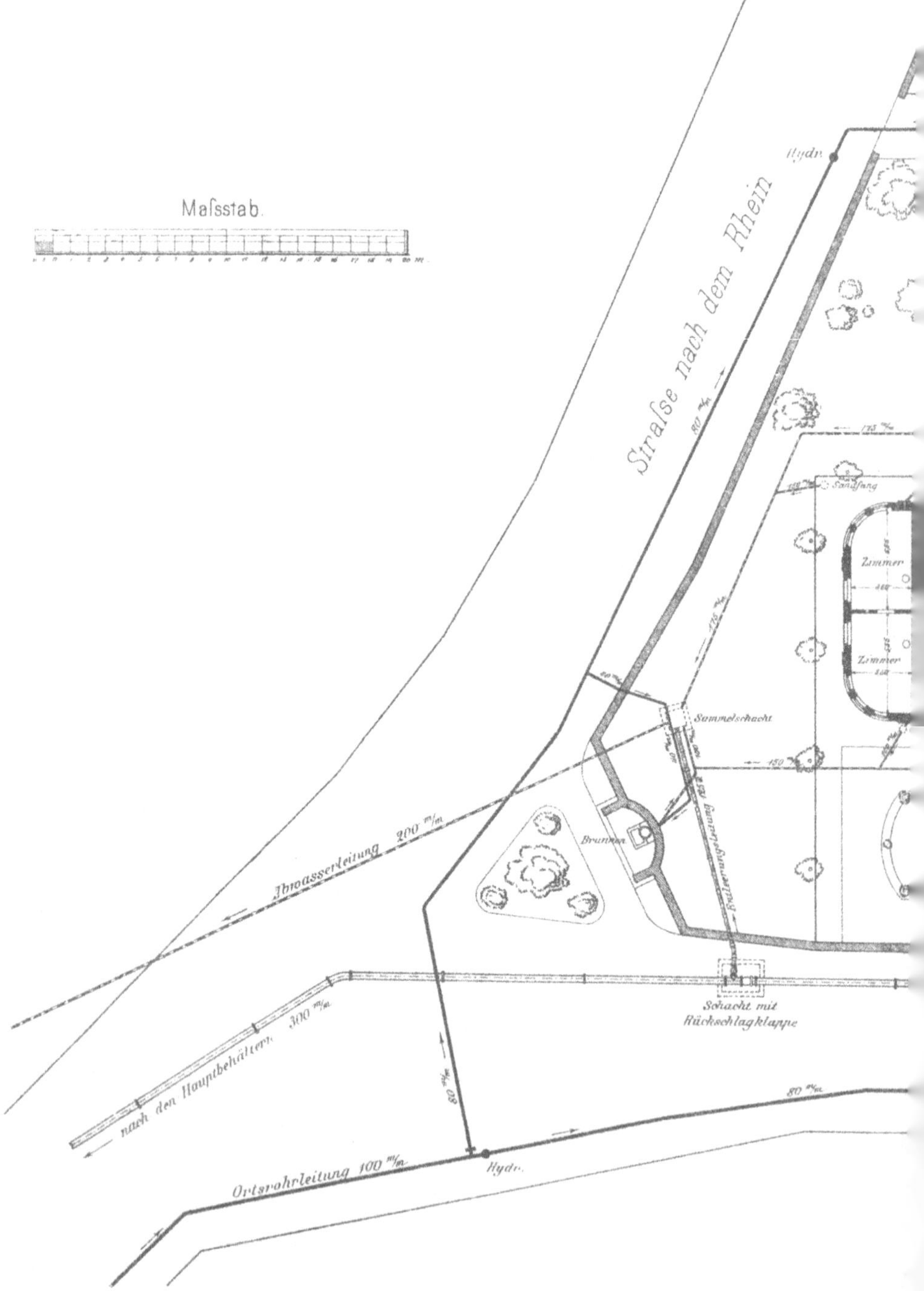

Tafel VII.

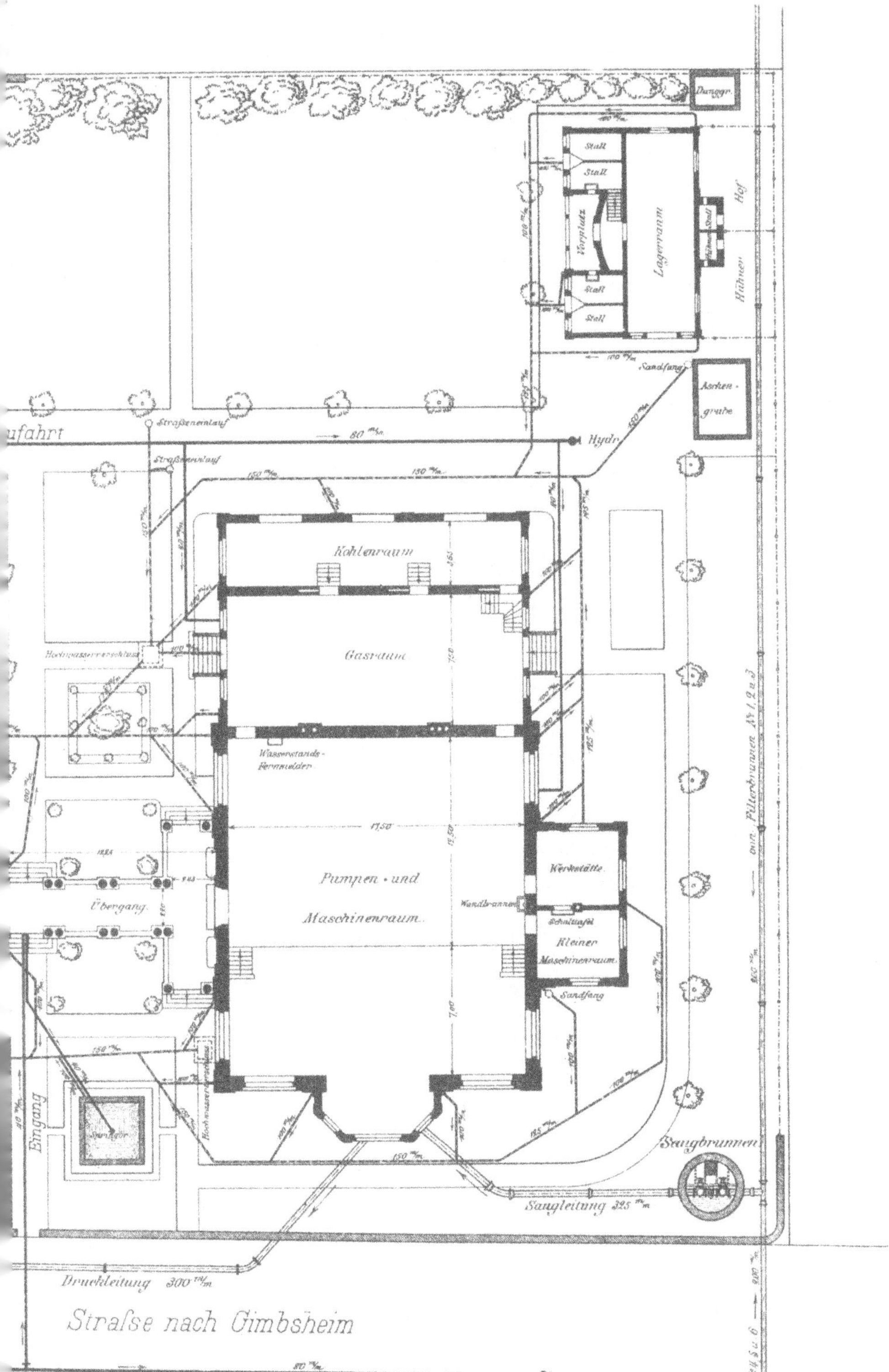

Verlag von R. OLDENBOURG, München und Berlin.

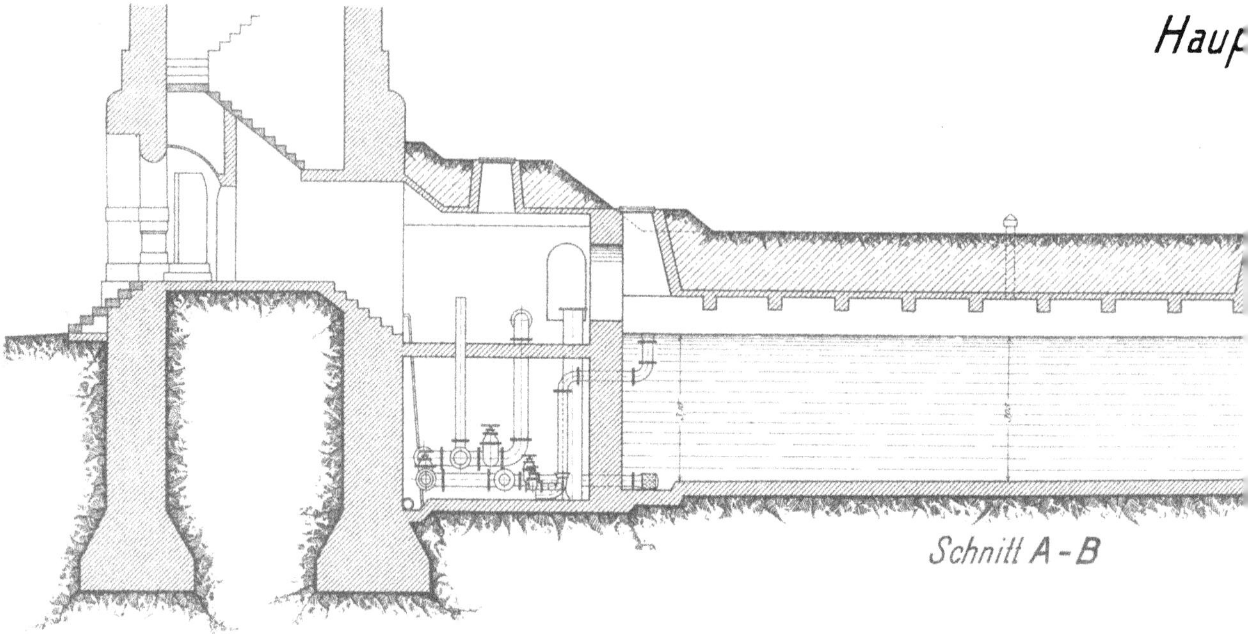
Hau
Schnitt A-B

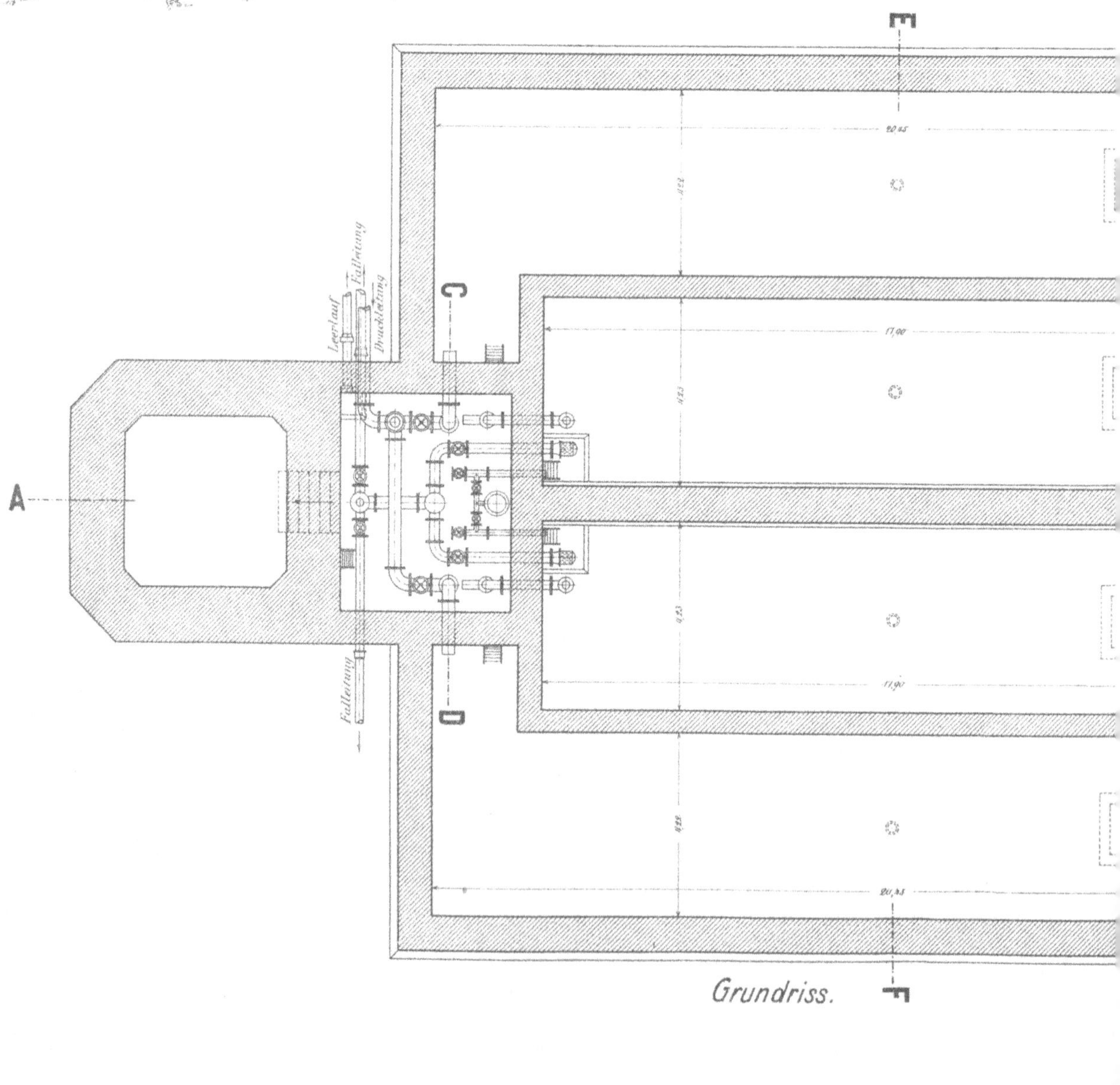
E
C
D
A
F
Leerlauf
Falleitung
Druckleitung
Falleitung
Grundriss.

älter II.

n.

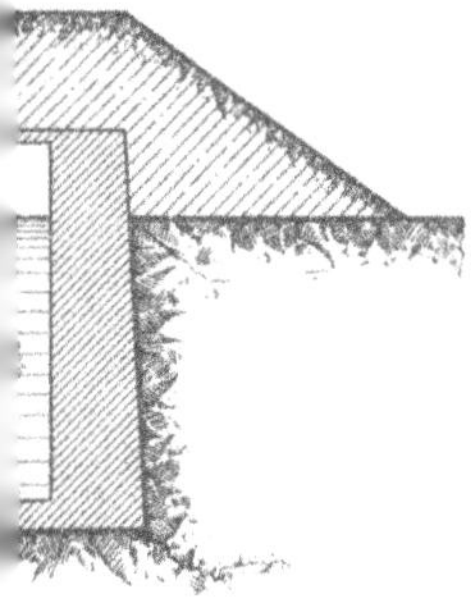

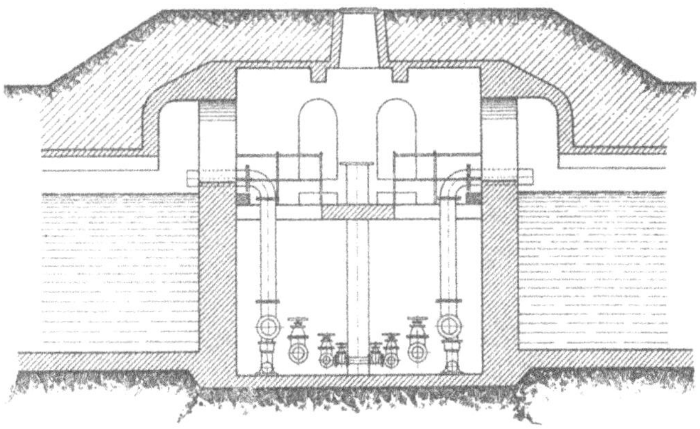

Schnitt C-D

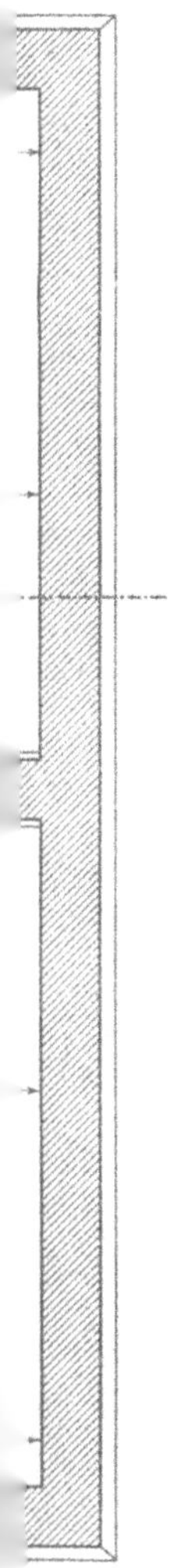

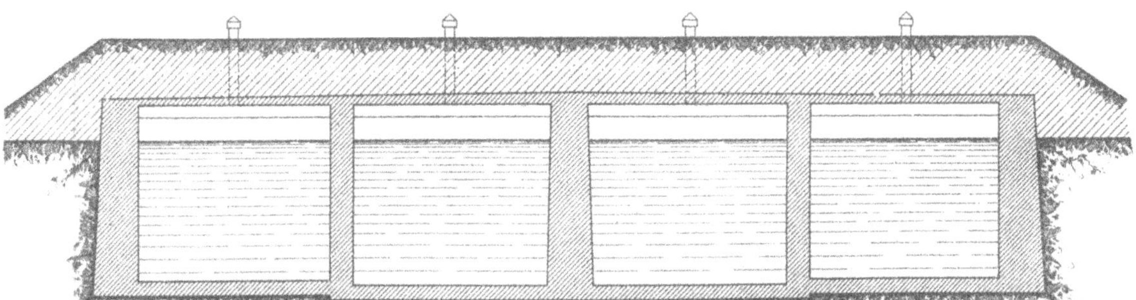

Schnitt E-F

Maſsstab.

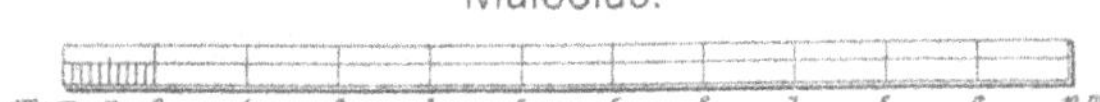

Verlag von R. OLDENBOURG, München und Berlin.

Ortshochbehälter.

A) Zweikammerig.

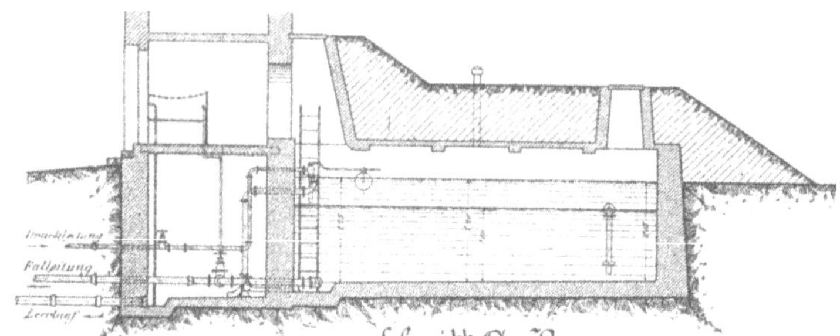

Schnitt A-B

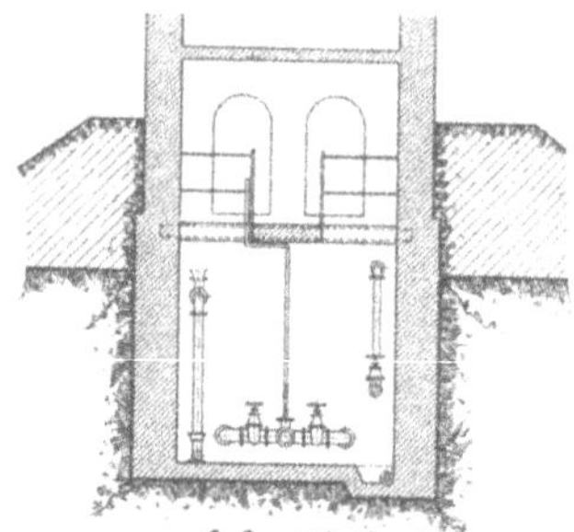

Schnitt C-D

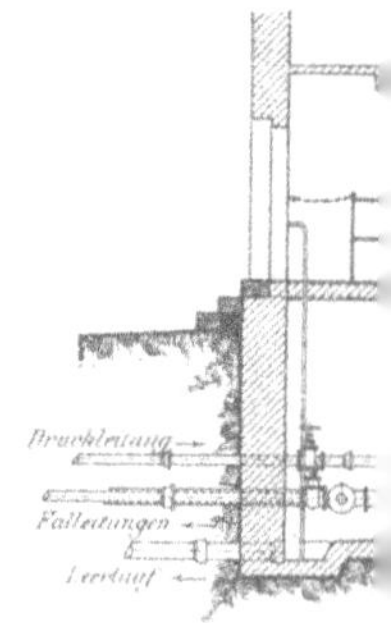

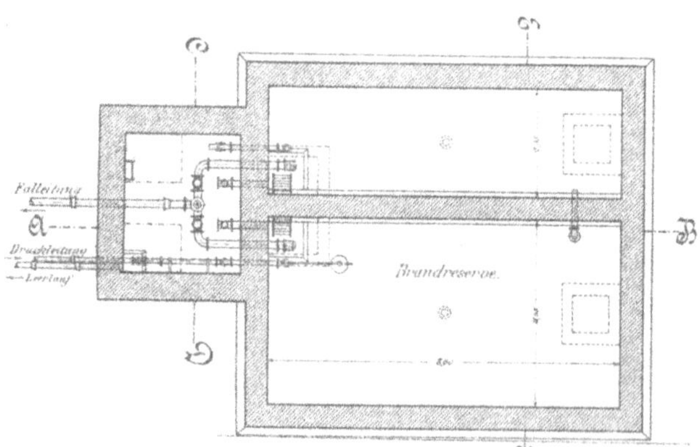

Grundriß.

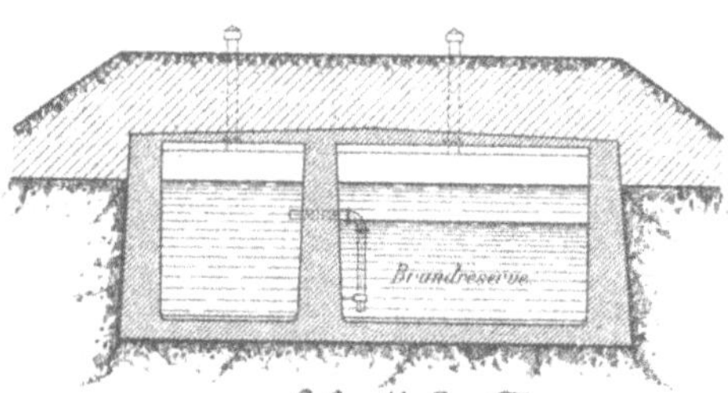

Schnitt E-F

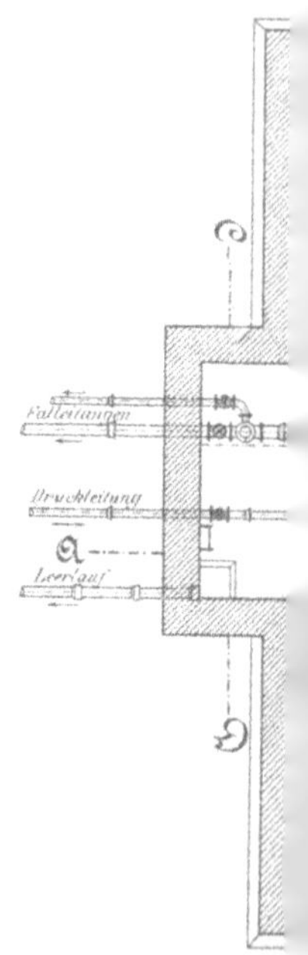

B) Dreikammerig.

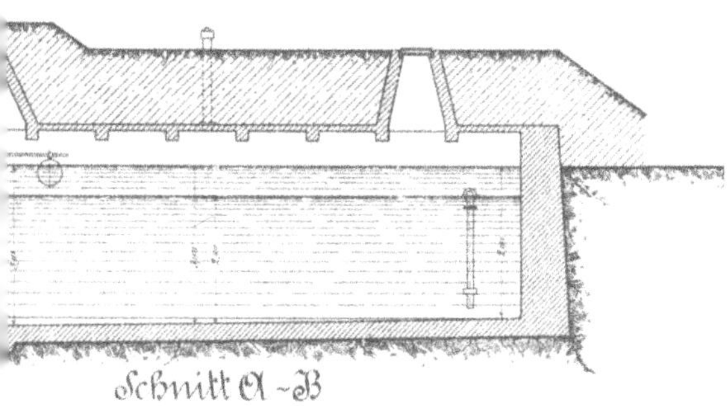

Schnitt A–B

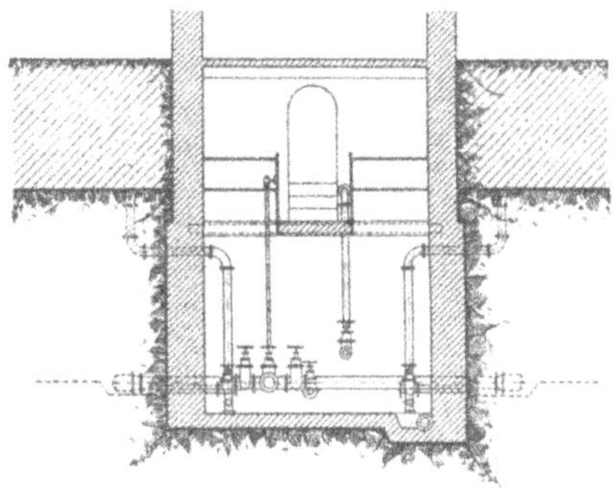

Schnitt C–D

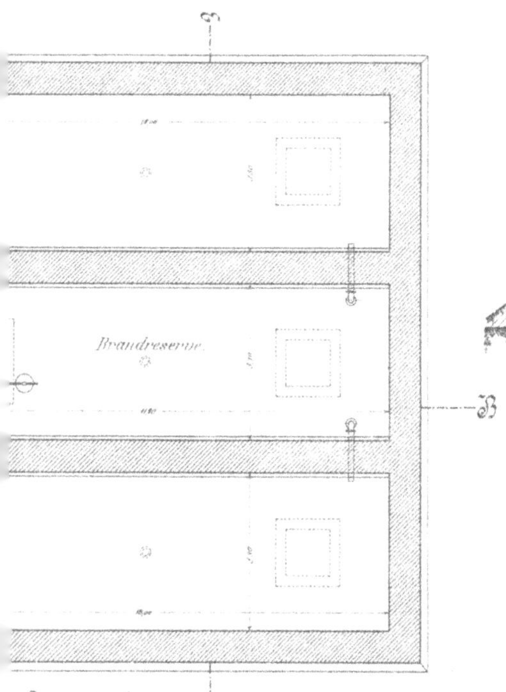

Grundriß.

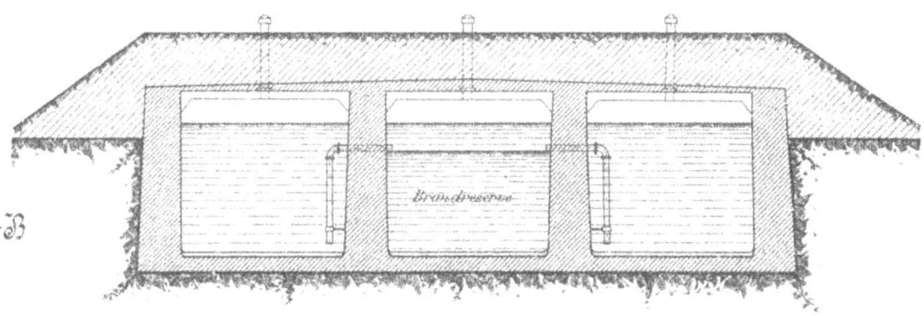

Schnitt E–F

Maſsstab.

Verlag von R. OLDENBOURG, München und Berlin.

Deckenkonstrukti

I. Plattenbalken mit armierter Decke.

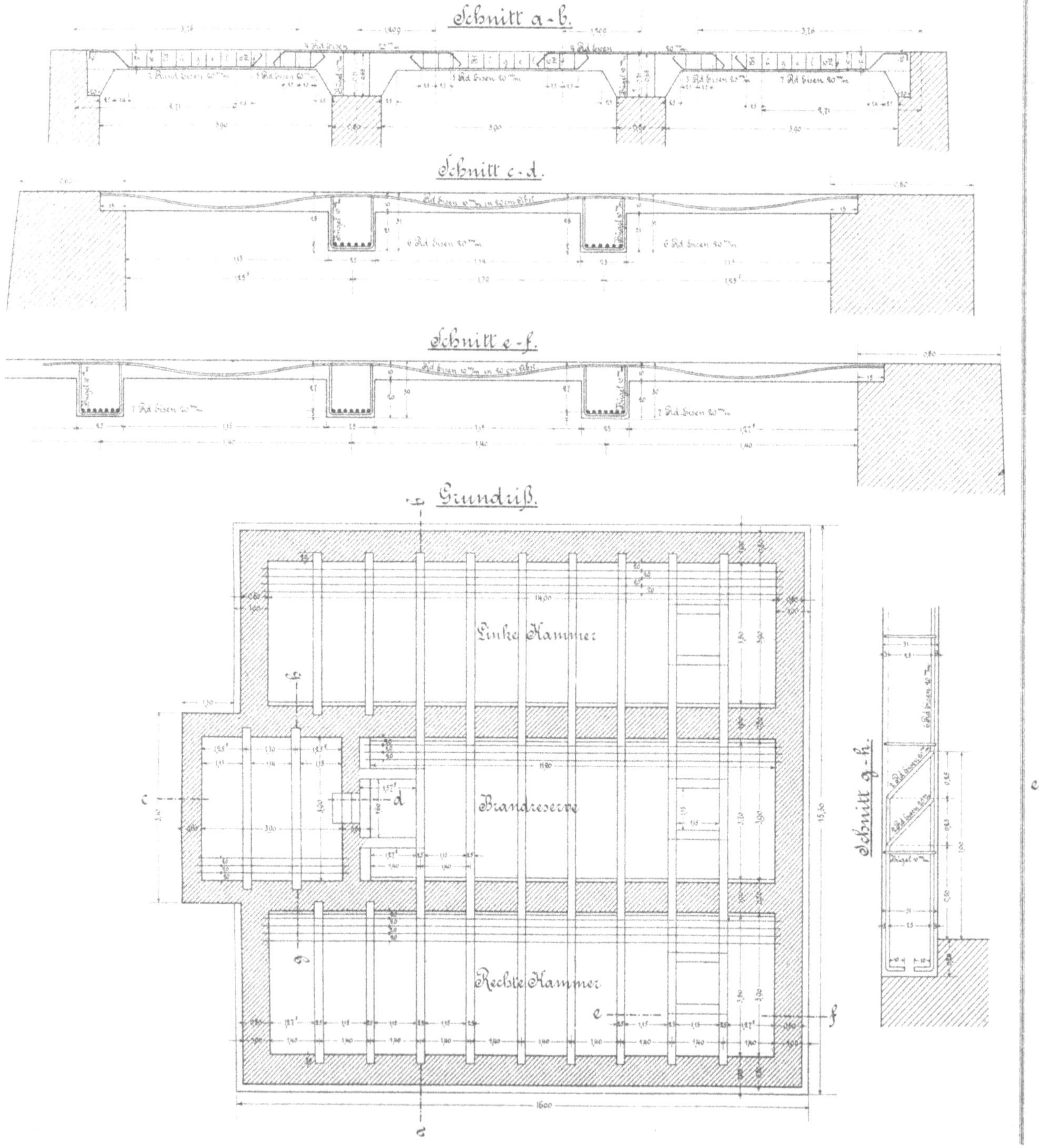

Tafel X.

iedener Behälter.

ken ohne armierte Decke.

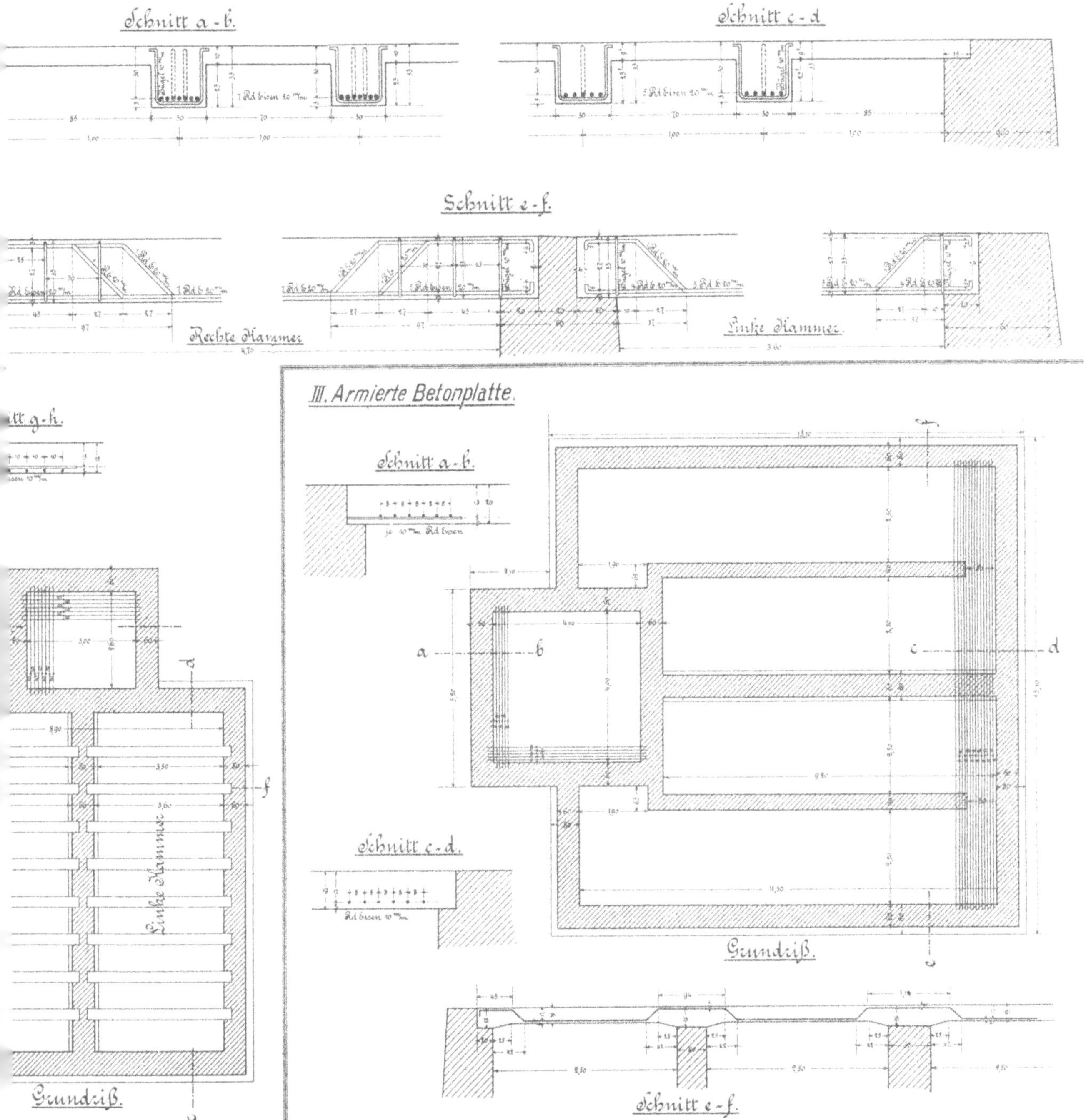

Verlag von R. OLDENBOURG, München und Berlin.

www.ingramcontent.com/pod-product-compliance
Lightning Source LLC
LaVergne TN
LVHW081349011026
849161LV00013BB/3036